ISBN-13: 978-1508583448
ISBN-10: 1508583447

MANUAL DE ELECTRÓNICA
Básica

Ing. Miguel D´Addario

2ª Edición modificada

Comunidad europea

2016

ÍNDICE DEL MANUAL

NOCIONES BÁSICAS
ELECTRICIDAD Y ELECTRÓNICA

Definición de corriente eléctrica: Entendemos como corriente eléctrica al flujo de electrones que circula a través de un conductor eléctrico. La circulación de estos electrones está determinada por las propiedades del medio a través del cual se movilizan. La corriente se divide en dos grandes ramas: alterna y continua. La corriente alterna es las que cambia de polaridad y amplitud en el tiempo. La corriente continua es la que permanece con polaridad y amplitud constante.

Estructura atómica de los conductores y aislantes

Los elementos tienen propiedades conductoras o no de acuerdo a su estructura atómica. El grado de conductividad de un elemento viene dado por la cantidad de electrones de la última órbita del átomo. El cobre es un conductor. El átomo de cobre posee 29 protones en el núcleo y 29 electrones planetarios que giran en órbitas dentro de cuatro capas alrededor del núcleo. La primera capa contiene 2 electrones, la segunda 8, la tercera 18 y la cuarta, o capa más externa, 1 electrón. El número máximo permitido en la cuarta capa es de 2 x 42, o sea, 32.

Entonces, este único electrón en la capa más externa no se halla ligado con fuerza al núcleo. Se puede mover fácilmente. Un átomo de un aislante posee dos o más órbitas, con cada una de ellas completada con la cuota de electrones. Por ejemplo, si un átomo tiene un núcleo de 10 protones, tendrá 10 electrones. En la primera capa tendrá 2 electrones, y en la segunda 8. Como la segunda órbita está completa, es muy difícil desalojar a un electrón fuera del átomo. La diferencia importante entre conductores y aislantes es que en un conductor hay uno o dos electrones en la capa externa, por lo tanto no están ligados con fuerza al núcleo, mientras que los aislantes tienen su última órbita completa o casi completa. Los semiconductores son elementos fabricados, que no se hallan en la naturaleza. Los elementos utilizados en la producción de semiconductores (mayoritariamente silicio), no poseen ninguna propiedad que sea de utilidad para conducir electrones, pero mediante un proceso conocido como doping, se adicionan átomos de impurezas (antimonio, fósforo, boro, galio, etc.), logrando dispositivos que permiten el paso de cargas eléctricas bajo determinadas condiciones.

Fenómenos asociados a la corriente eléctrica

El paso de corriente eléctrica deja a su paso una serie de fenómenos físicos, que han sido estudiados y en algunos casos fueron aprovechados para otros usos, como por ejemplo el magnetismo. Vamos a repasar brevemente los principales fenómenos asociados a la circulación de electrones.

-Temperatura: En todo aparato existe un calentamiento debido al funcionamiento. Esto se debe a que no existen conductores perfectos. Todo conductor posee una resistencia intrínseca, que aunque sea muy baja, produce un consumo extra de energía, que al no ser aprovechada por el equipo, es disipada al ambiente en forma de calor.

-Campo magnético alrededor de un conductor: Cuando circula corriente a través de un conductor, se inducen campos electromagnéticos en torno al mismo. Este principio es el que se utiliza para los motores eléctricos, en los cuales el campo que generan los bobinados de alambre de cobre, son combinados con otros campos para producir esfuerzos que hagan girar al rotor del motor.

Los generadores aplican el mismo principio, pero para la obtención de energía. También puede introducir interferencias, como cuando acercamos un

cable con 220V de alterna a un cable que transporta una señal de audio. Campo magnético de una Bobina.
-Imantación: Si se introduce un metal dentro de un campo electromagnético producido por corriente continua de gran intensidad, se logra ordenar las moléculas del metal, haciendo que este tome propiedades magnéticas.

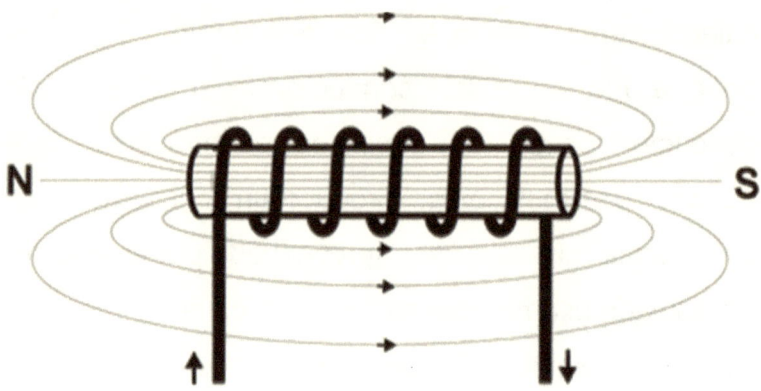

Esto no se produce con corriente alterna, ya que al cambiar constantemente el sentido del campo, no se magnetiza.
-Campo magnético de un imán. Fuerza electromotriz: Es una fuerza que se produce en todos los bobinados. Es debido a que toda carga eléctrica tiende a oponerse a la causa que le dio origen.

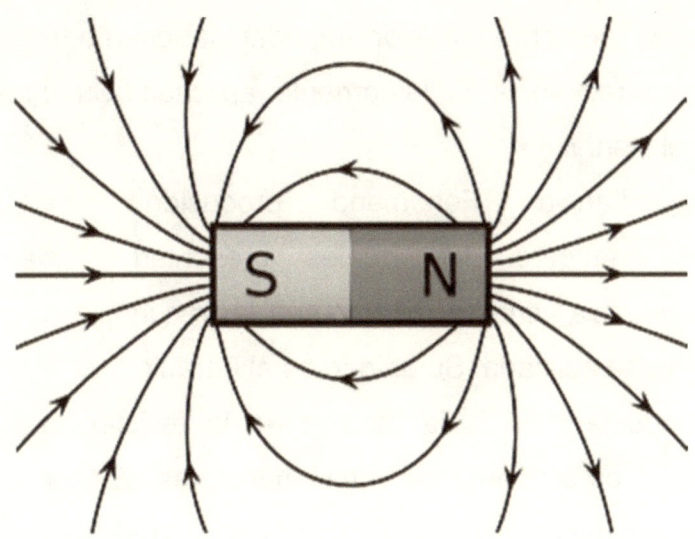

Las cargas inductivas como relés, bobinas, parlantes, etc., pueden generar rebotes de corriente muy grandes.

-Tensión: Es la diferencia de potencial entre dos puntos de un circuito eléctrico. Su unidad de medida es el Volt.

-Corriente: Es la cantidad de electrones que circulan por un conductor en el lapso de 1 segundo. Su unidad de medida es el Ampere. Resistencia: Es el grado de oposición que genera un material al paso de la corriente eléctrica. Su unidad de medida es el Ohm.

-Impedancia: Es lo mismo que la resistencia. La diferencia es que la primera se refiere a corriente continua, y la segunda para corriente alterna. Inductancia: Fenómeno producido en las bobinas, las cuales presentan mayor impedancia cuanto mayor sea la frecuencia de la corriente aplicada. Su unidad es el Henry.

-Capacitancia: Fenómeno producido en los condensadores, los cuales presentan menor impedancia cuanto mayor sea la frecuencia de la corriente aplicada. Su unidad es el Faradio.

-Conductancia: Es la inversa de la resistencia. Su unidad es el Siemens. Semiconductores El término semiconductor revela por sí mismo una idea de sus características. El prefijo semi suele aplicarse a un rango de niveles situado a la mitad entre dos límites. El término conductor se aplica a cualquier material que soporte un flujo generoso de carga, cuando una fuente de voltaje de magnitud limitada se aplica a través de sus terminales. Un aislante es un material que ofrece un nivel muy bajo de conductividad bajo la presión de una fuente de voltaje aplicada. Un semiconductor, por tanto, es un material que posee un nivel de conductividad sobre algún punto entre los extremos de un aislante y un conductor. Aunque se puede estar familiarizado con las propiedades eléctricas del cobre y la mica, las características semiconductores, germanio (Ge) y silicio (Si), pueden ser relativamente nuevas.

Algunas de las cualidades únicas del Ge y el Si es que ambos forman un patrón muy definido que es periódico en naturaleza (continuamente se repite el mismo).

Simbología

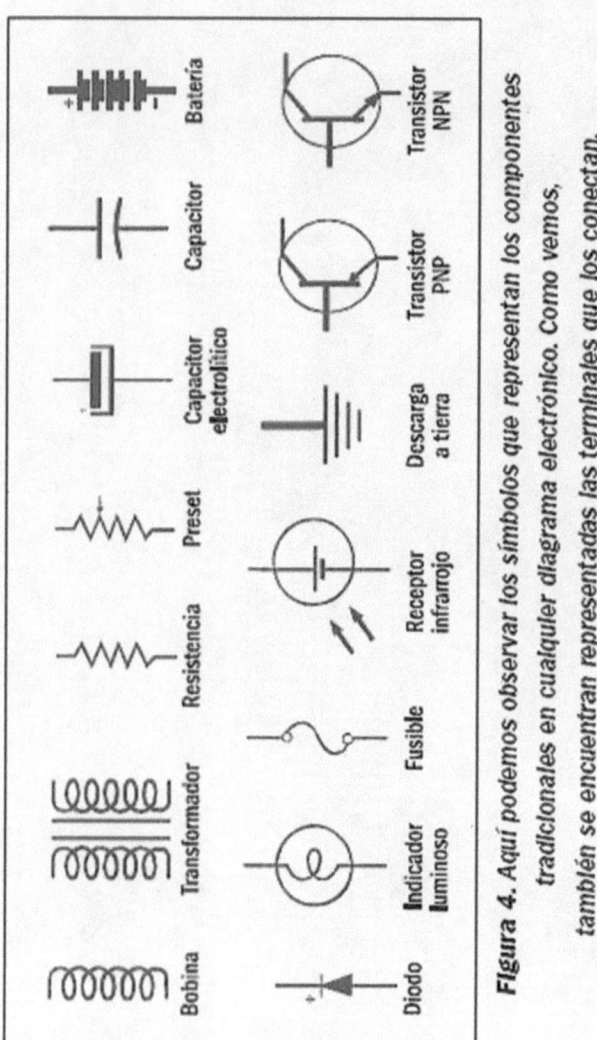

Figura 4. Aquí podemos observar los símbolos que representan los componentes tradicionales en cualquier diagrama electrónico. Como vemos, también se encuentran representadas las terminales que los conectan.

LA LEY DE OHM

-La ley de Ohm: Es una ley publicada por un científico alemán de ese apellido, que postula lo siguiente: La intensidad de corriente que circula por un circuito dado, es directamente proporcional a la tensión aplicada e inversamente proporcional a la resistencia del mismo. Esta ley rige el comportamiento de las cargas eléctricas dentro de los circuitos.

Las fórmulas básicas se detallan a continuación:

V = Tensión   I = Corriente   R = Resistencia

W = Potencia

$$V = I \times R \qquad I = V / R \qquad R = V / I$$
$$W = V \times I \qquad W = I^2 \times R \qquad W = V^2 / R$$

Haciendo cambio de términos de las ecuaciones
$$V = W / I \qquad I^2 = W / R \qquad V^2 = W \times R$$

Para las caídas de tensión sobre las resistencias
$$Vc = Va - (I \times R) \qquad 24$$

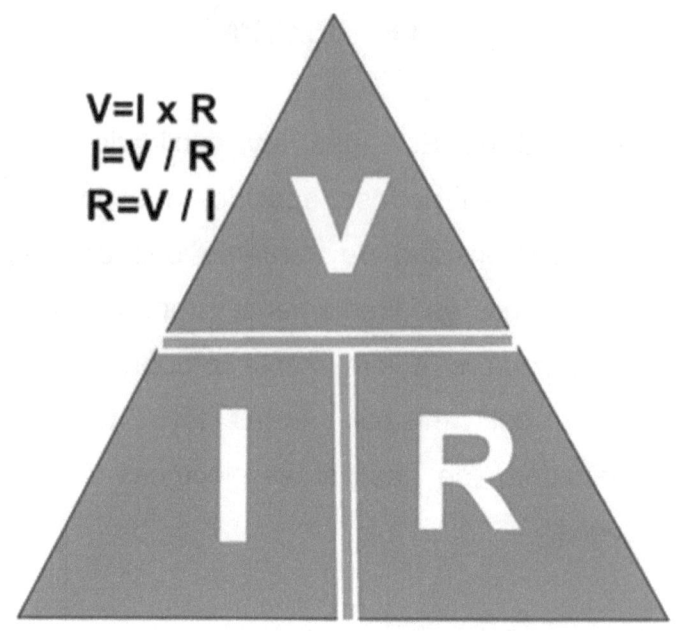

Ejercicios:

Se recomienda practicar los siguientes ejercicios para asimilar correctamente la ley de ohm, pues nos será de constante utilidad en el estudio.

a) En un circuito la carga resistiva es de 150 Ohms, y la tensión aplicada es de 25 volts. Calcular la corriente circulante y la potencia disipada.

b) Un circuito entrega una potencia de 50 watts sobre una carga de 4 Ohms. Calcular la corriente circulante y la tensión aplicada.

c) Calcular la resistencia necesaria para provocar una caída de tensión de 5 volts, con una tensión aplicada de 15 voltios. Calcular también la potencia disipara sobre la resistencia.

d) Calcular la caída de tensión sobre una resistencia de 5 Ohms, con una corriente circulante de 0,58 amperios. e) Calcular la potencia disipada a partir de una resistencia de 25 Ohms, con una tensión aplicada de 30 volts. Averiguar también la corriente circulante.

Realizar el esquema de cada problema.

RESISTENCIAS

-Definición: La resistencia eléctrica es la oposición que ofrece un elemento a la circulación de electrones a través del mismo. Esta propiedad viene determinada por la estructura atómica del elemento. Si la última órbita de un átomo está completa o casi completa por el número máximo de electrones que puede alojar, existirá una fuerza de ligado que hará que los electrones no puedan ser arrancados fácilmente del átomo.

-Tipos de resistencias: Las resistencias que comercialmente se utilizan son de carbón prensado, de película metálica (metal film), y de alambre.

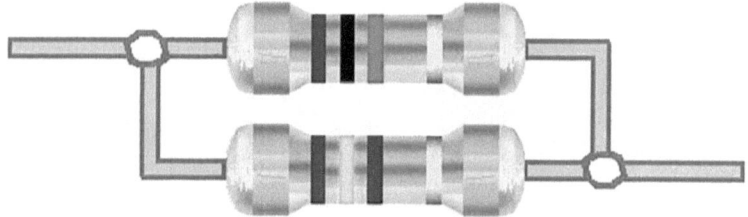

Resistencias de composición

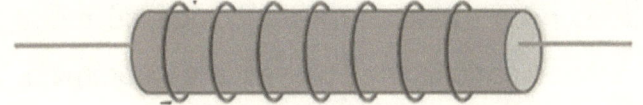

Resistencias de alambre

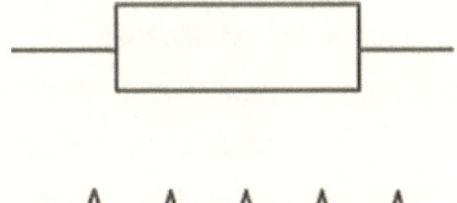

Símbolos de resistencias

Las resistencias de carbón prensado están hechas con gránulos de carbón prensado, que ofrecen resistencia al paso de la corriente eléctrica. Son comunes en aplicaciones de baja disipación. Típicamente se fabrican para soportar disipaciones de ¼, ½, 1 y 2 watts. Sin embargo, estas últimas ya no son tan comunes, por su tamaño relativamente grande. Además, son bastante variables con la temperatura y el paso del tiempo. Las resistencias de película metálica o metal film, son utilizadas para aplicaciones donde se requiera una disipación elevada y gran estabilidad frente a los cambios de temperatura, y al propio paso del tiempo. Están hechas con una película microscópica de metal, la cual es bobinada sobre un sustrato cerámico. Las resistencias de alambre son utilizadas para trabajar con altas disipaciones. Están hechas con alambre de alta resistividad bobinado sobre un sustrato cerámico. En muchos casos están vitrificadas, para funcionar a altas temperaturas. Las disipaciones más comunes son de 5, 10, 15 y 20 Watts. Debido a su disipación, no es extraño encontrar resistencias de este tipo que trabajen a temperaturas de hasta 100º C. Existen las llamadas resistencias variables, que pueden variar su resistencia por medio de un cursor que se desplaza sobre una pista de material resistivo. Los más comunes son lo potenciómetros y los Preset. Los primeros son resistencias variables, mientras que los últimos son ajustables.

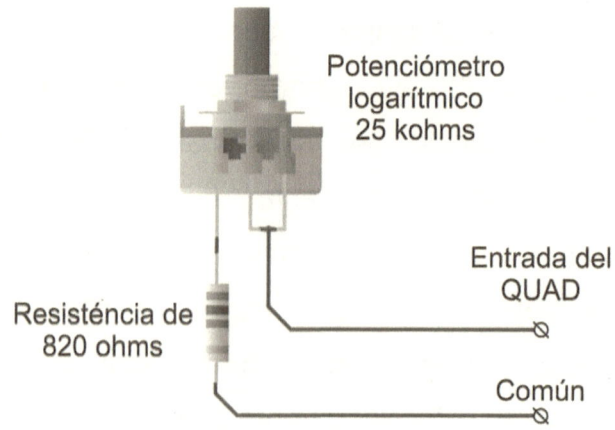

Potenciómetro logarítmico 25 kohms

Entrada del QUAD

Resisténcia de 820 ohms

Común

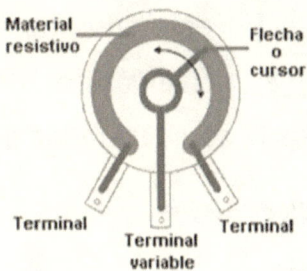

Vista interna de un preset

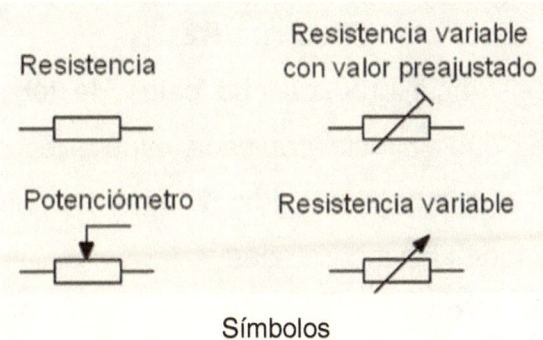

Símbolos

Asociación serie y paralelo

Cuando se necesitan formar valores no comerciales de resistencias, o lograr obtener una menor disipación de potencia en cada una, se recurren a las asociaciones. Las resistencias pueden asociarse en serie, paralelo, y combinaciones de ambas. Vamos a estudiar cada caso, para pasar en el final de esta capitulo a ejercicios prácticos.

-Asociación serie: En este tipo, las resistencias son colocadas una a continuación de la otra. La resistencia total es la suma de todas ellas.

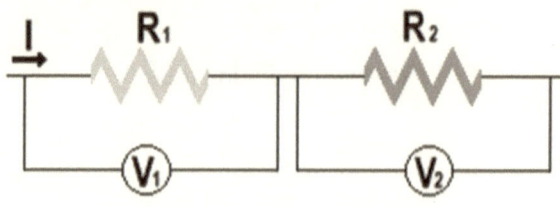

Resistencias en serie

$$Rt = R1 + R2$$

Cada resistencia produce una caída de tensión. La corriente que circula por cada una de ellas es siempre la misma. La caída de tensión total es la suma de todas las individuales.

$$Vo = Vcc - (I_x R_1) - (I_x R_2) - \ldots - (I_x R_n)$$

La potencia disipada por cada resistencia es la relación entre la corriente circulante y la caída de tensión que provoca. La potencia total es la suma de las individuales.

$$Pt = (VR_{12} / R_1) + (VR_{22} / R_2) + \ldots + (VR_{n2} / R_n)$$

-Asociación paralelo: En este tipo, las resistencias son colocadas todas juntas, uniendo sus extremos. La resistencia total es el siguiente:

Resistencias en paralelo

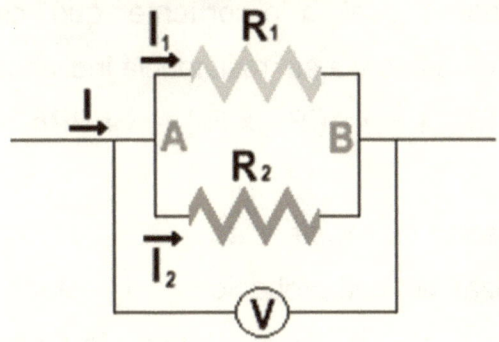

$$1/Rt = 1/R_2 + 1/R_2$$

Para dos resistencias:

$$Rt = (R_1 \times R_2) / (R_1 + R_2)$$

Para más de dos resistencias

$$Rt = 1 / ((1 / R_1) + (1 / R_2) + ... + (1 / R_n))$$

La caída de tensión producida es determinada por la resistencia resultante de la asociación.

$$Vo = Vcc - Rt$$

La corriente total que circula se reparte entre las resistencias, dependiendo del valor individual de cada una de ellas.

$$It = (VR_1 / R_1) + (VR_2 / R_2) + ... + (VR_n / R_n)$$

La potencia disipada por cada una de las resistencias es igual a la corriente que circula por cada una de ellas y a su resistencia individual.

$$Pt = (IR_{12} \times R_1) + (IR_{22} \times R_2) + \ldots + (IRn_2 \times R_n)$$

Comprobación de resistencias:

Para realizar la comprobación del estado de una resistencia, se necesita tener la herramienta fundamental para la electrónica.

-El Multímetro. Para medir su valor y comprobar si está bien o no, tendremos que fijarnos en el código de colores de la resistencia para averiguar su valor, y compararlo con la lectura del óhmetro. Para ello, seleccionaremos la escala apropiada, de acuerdo al valor de la resistencia.

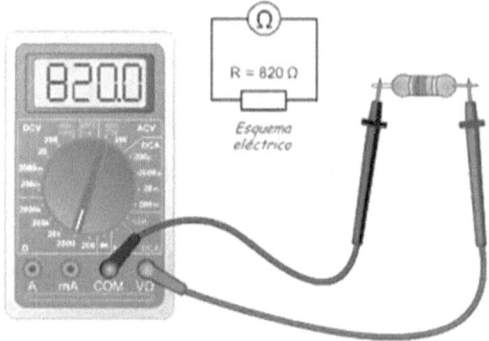

La convención para el código de colores es la siguiente:

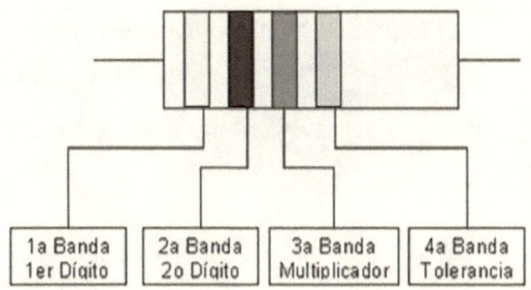

1a Banda 1er Dígito	2a Banda 2o Dígito	3a Banda Multiplicador	4a Banda Tolerancia

Bandas: amarillo. Azul, rojo y verde

En este ejemplo, la primera cifra es un 2, la segunda es también un 2, y la tercera es el multiplicador, en este caso es 103, o sea,1000. El cuarto color es la tolerancia, o sea, la variación que puede tener la resistencia con respecto al valor que figura en su código. Para evitar complicaciones, se usan múltiplos para valores grandes de resistencias:

Kilo ohm: Kohm = 1000MegaOhm

Si el valor tiene una tolerancia de más o menos 10%, podemos considerarla funcional para aplicaciones generales. Si su valor dista mucho del impreso en los colores, debemos reemplazarla por otra nueva. El valor de los resistores se puede identificar por los colores de las 4 bandas que rodean al componente, una de ellas es llamada tolerancia, utilizaré la dorada.

	1er Digito	2° Digito	Multiplicador	Tolerancia
NEGRO	0	0	x 10^0	
MARRON	1	1	x 10^1	± 1%
ROJO	2	2	x 10^2	± 2%
NARANJA	3	3	x 10^3	
AMARILLO	4	4	x 10^4	
VERDE	5	5	x 10^5	± 0,5%
AZUL	6	6	x 10^6	± 0,25%
VIOLETA	7	7	x 10^7	± 0,1%
GRIS	8	8	x 10^8	± 0,05%
BLANCO	9	9	x 10^9	
DORADO			x 0,1	± 5%
PLATEADO			x 0,01	± 10%

La pregunta es ¿Cómo se leen las otras tres?

Lo describiré con un ejemplo

| Marron ▼ | Negro ▼ | Rojo ▼ | Plata ▼ |

Valor de resistencia: 1 Kohms, +/-10%

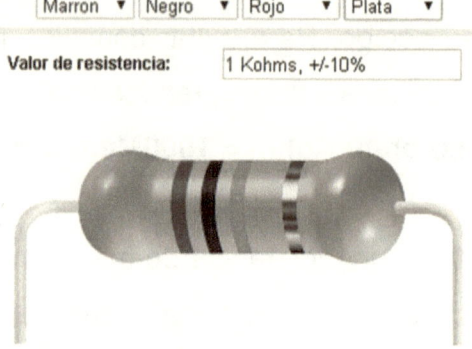

Veamos el valor de este resistor; La primera banda es el primer dígito y es:

Marrón = 1, la segunda es el segundo dígito

Negra = 0 y la tercera es la cantidad de ceros:

Roja = Dos ceros.

Entonces su valor será: 1000 Ohm o sea 1 kilo o 1k, si tuviera 1000000, seria 1 Mega o 1M.

Es decir que para una resistencia de 70 ohm sus colores deberían ser: violeta, negro y negro.

Existen casos en los cuales necesitamos un resistor de un valor determinado y no disponemos de él, la solución es combinar o unir resistores de otros valores de tal modo de obtener el que estamos buscando.

En el Site Web siguiente es posible comprobarlo:

www.softeingenio.com/tools/48-online-tool/59-valor-resistencia.html

Variación de la resistencia con el tiempo y la temperatura:

Toda resistencia tiene un coeficiente de variación por envejecimiento, y también por variación térmica. Las resistencias de carbón son las menos estables, ya que tienen una variación importante en los dos sentidos. Las resistencias de metal film son mucho más estables que estas últimas.

Las resistencias de alambre también son estables. Las resistencias de carbón tienen un coeficiente de corrimiento por temperatura de (6/10000) X ºC negativo promedio, mientras que las de metal film poseen un corrimiento de (5/100000) X ºC positivo promedio.

Asociando en serie una resistencia de carbón y una de metal film, se puede obtener una resistencia de corrimiento térmico nulo.

$$Rt = Rcarbon + Rmf$$
$$Rcarbon = Rt / 13$$
$$Rmf = Rt - Rcarbon$$

Ejercicios:

a) Se tienen asociadas en serie cuatro resistencias: 100 ohms, 220 ohms, 1,5 Kohms y 2,2 Kohms, con una tensión de 56 volts y una corriente de 0,08 amperes (80 miliamperios).

Calcular la resistencia serie equivalente, la caída de tensión total y la individual para cada resistencia.

b) Se tienen asociadas en serie tres resistencias: 270 ohms, 4,7 Kohms y 15 ohms, con una tensión de 15 voltios y una corriente de 0,05 amperes (50 miliamperios).

Calcular las caídas de tensión individuales para cada resistencia, la potencia disipada por cada una de ellas y la suma de las mismas.

c) Se tienen asociadas en paralelo dos resistencias: 180 ohms y 220 ohms, con una corriente de 0,1 ampere (100 miliamperios).

Calcular la resistencia paralelo equivalente y la corriente circulante por cada rama del paralelo.

d) Se tienen asociadas en paralelo tres resistencias: 1 Kohm, 2,2 Kohms y 2,2 Mohms, con una tensión de 60 volts.

Calcular la resistencia paralelo equivalente, la corriente por cada rama del paralelo y la caída de tensión total del circuito.

Realizar los esquemas con los datos resueltos de los problemas anteriores.

CAPACITORES

-Definición: El capacitor es un componente que, como su nombre lo indica, almacena energía durante un tiempo, teóricamente infinito, pero que en la realidad depende de la RSE (resistencia serie equivalente), un tipo de resistencia de pérdida que presenta todo capacitor. El capacitor se comporta como un circuito abierto para la corriente continua, pero en alterna su reactancia disminuye a medida que aumenta la frecuencia. Hay capacitores de varios tipos. Aquí vamos a centrarnos en lo más comunes.

Tipos de capacitores:

-Cerámicos: Son condensadores muy baratos, pero tienen la desventaja de ser muy variables con el tiempo y la temperatura. Además, su capacidad es baja en relación con su tamaño. Generalmente se utilizan como acopladores en audio.

-Poliéster: Son condensadores muy grandes en función de su capacidad, pero son muy estables con el tiempo y la temperatura. Permiten obtener aislaciones muy altas (comercialmente los hay hasta de 630 volts). Generalmente se utilizan como base de tiempo en osciladores que requieran mucha estabilidad. En cuestiones de audio, presentan mejor sonido que los cerámicos.

-Electrolíticos: Son capacitores que logran grandes capacidades en tamaños reducidos. Esto se debe a que presenta una construcción con una sustancia química como dieléctrico, en vez de poliéster o los de cerámica como los anteriores. Eso produce que este tipo de capacitor tenga polaridad. Su desventaja es que son extremadamente variables con el tiempo y la temperatura, y su costo es relativamente alto a altas capacidades o altas aislaciones. Su uso se centra generalmente en filtros de fuente y salida de audio de amplificadores.

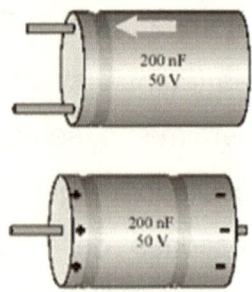

-Tantalio: Es parecido al anterior en el hecho que permite obtener altas capacidades en pequeños tamaños, pero son más estables que los anteriores con respecto a la temperatura y el transcurso del tiempo. También presentan polaridad. Se utilizan sobre todo en audio.

-Variables: Presentan la característica de poder variar su capacidad, variando la superficie de las placas del condensador, o la distancia entre ellas.

Asociación serie y paralelo

Al igual que las resistencias, se pueden formar combinaciones en serie o en paralelo de capacitores. La diferencia radica en que el valor resultante es totalmente al inverso de las resistencias.

Asociación serie

En este tipo, los capacitores son colocados uno a continuación del otro.

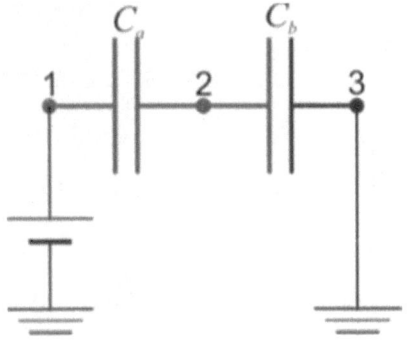

La capacidad total es la siguiente:

Para dos capacitores

$$Ct = (C_1 \times C_2) / (C_1 + C_2)$$

Para más de dos capacitores

$$Ct = 1 / ((1 / C_1) + (1 / C_2) + \ldots + (1 / C_n))$$

Asociación paralelo

En este tipo, los capacitores son colocados todos juntos, uniendo sus extremos.

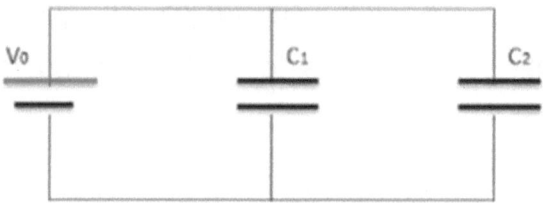

La capacidad total es el siguiente:

$$Ct = C_1 + C_2 + \ldots + C_n$$

Comprobación de capacitores: Para comprobar un capacitor necesitaremos de un multímetro analógico (con aguja, no con display), o de un comprobador de capacitores, aunque este último es un instrumento bastante costoso. Como en la práctica la unidad del Faradio es muy grande, se usan submúltiplos:

Micro Faradio: $\mu F = C/1000000$

Nano Faradio: $nF = \mu F/1000$

Pico Faradio: $pF = nF/1000$

Para medir capacitores usamos un instrumento que mide la capacitancia, también puede hacerse con el multímetro.

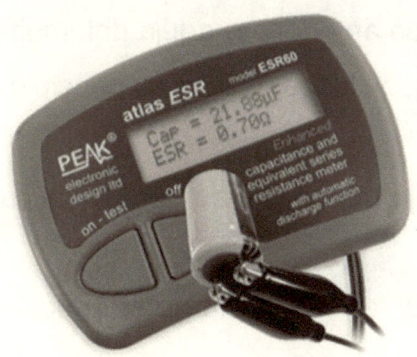

Con un multímetro analógico en la escala de Ohms, procederemos a comprobar el estado del mismo.

Para ello, seleccionaremos la escala correspondiente, que se muestra en la siguiente tabla:

< 1 μF	R x 10000
1 – 10 μF	R x 1000
10 – 47 μF	R x 100
47 – 470 μF	R x 10
> 470 μF	R x 1

Los valores son aproximados

a) Seleccionamos una escala intermedia, por ejemplo Rx10.

b) Medimos los terminales del capacitor.

c) Realizamos la medición invirtiendo las patas, o sea, dando vuelta el capacitor y midiéndolo al revés que el paso anterior.

d) En el paso anterior, la aguja del multímetro debe dar un salto, y luego volver al principio (resistencia infinita).

e) Si la aguja no salta, es porque el capacitor está estropeado.

En cambio, si la resistencia no se aproxima a infinito, es porque tiene fugas.

Si la aguja sube hasta resistencia 0, el capacitor está en cortocircuito.

Ejercicios

a) Se tienen asociados en paralelo tres capacitores de 220µF. Calcular la capacidad equivalente.

b) Se tienen asociados dos capacitores de100nF en serie, y estos dos en paralelo con uno de 220nF. Calcular la capacidad equivalente de la serie, y luego la equivalente con el paralelo.

c) Se tienen asociados tres capacitores de 22µF en serie. Calcular la capacidad equivalente.

d) Se tiene un paralelo formado por un capacitor de 10µF y otro de 47µF.

A su vez, en serie con este paralelo hay una serie de dos capacitores, uno de 470µF y otro de 220µF.

Calcular la capacidad equivalente del paralelo, de la serie, y de todo el conjunto.

Realizar los esquemas correspondientes a cada problema.

BOBINAS

-Definición: La bobina es un arrollado de alambre de cobre sobre un núcleo, que puede ser de aire (sin núcleo), de ferrite, hierro, silicio, etc. Con la corriente continua funciona como un conductor, oponiendo una resistencia que depende de la resistencia total del alambre bobinado. En alterna, en cambio, tiene la propiedad de aumentar su reactancia a medida que aumenta la frecuencia. Es a la inversa del capacitor. Combinado con el capacitor se pueden obtener circuitos resonantes, en los cualesla resonancia se produce cuando coinciden las frecuencias de corte de ambos elementos.

Tipos de bobinas

Las bobinas más comunes son las detalladas a continuación. Con núcleo de hierro: Este tipo está hecho con un bobinado de alambre de cobre sobre un soporte de hierro dulce. Este tipo de bobinas solo son apropiadas para aplicaciones de electroimán, donde la corriente a través del bobinado induce un efecto de imantación temporal sobre el hierro.

-Con núcleo de aire: La bobina esta arrollada en el aire, o sea, que no lleva núcleo. La inductancia de este tipo de bobinas es muy baja, pero tiene la ventaja de que son muy apropiadas para trabajar en altas frecuencias.

-Con núcleo de ferrite: Este material está hecho con hierro, carbono y algún otro metal, produciendo una barra a partir de un granulado muy fino de estos elementos. Se utilizan mucho en receptores de radio. Este núcleo permite aumentar la inductancia de la bobina, y son apropiados para altas frecuencias.

-Con núcleo laminado: Este núcleo está compuesto por delgadas chapas de silicio, que se entrelazan formando un núcleo compacto. Permite manejar elevadas potencias, y disminuye las pérdidas y el calentamiento. Una aplicación típica de las bobinas es el transformador. Es un dispositivo que consta básicamente de un bobinado primario, al cual se le aplica una tensión alterna, y uno secundario, del cual se extrae otra tensión mediante la inducción magnética del núcleo. Esta tensión depende de la relación de espiras entre los bobinados.

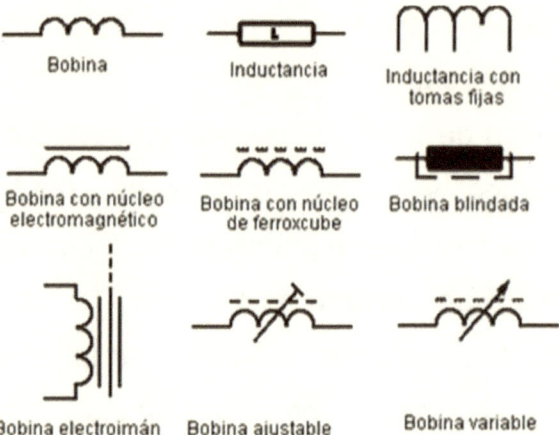

Tipos de bobina

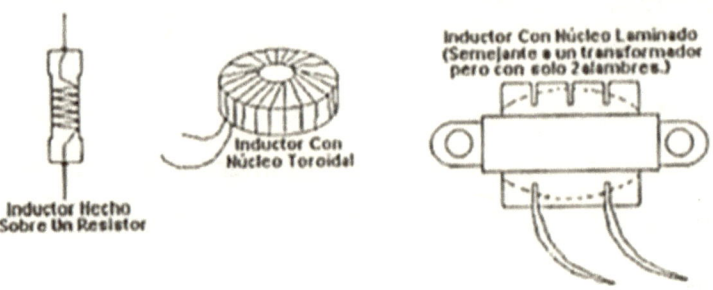

Tipos de inductores

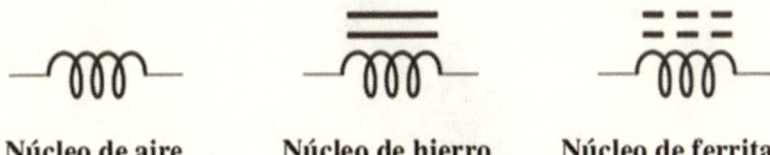

Núcleo de aire   **Núcleo de hierro**   **Núcleo de ferrita**

Tipos de núcleo de los inductores

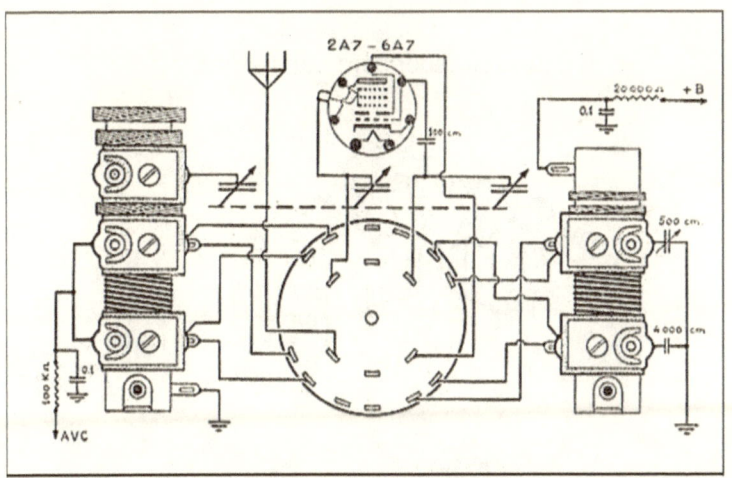

Bobinas en nido de abeja

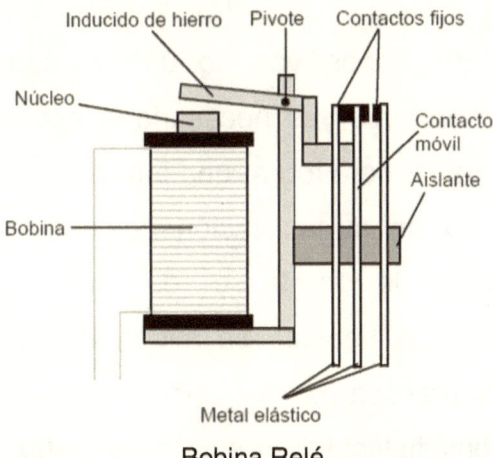

Bobina Relé

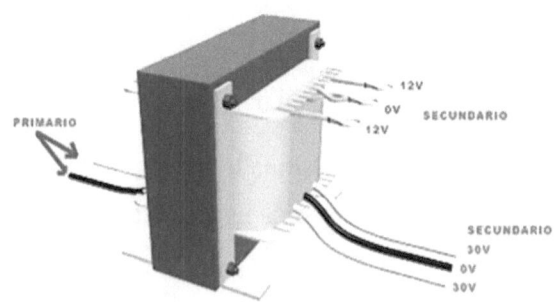

Transformador para transistores

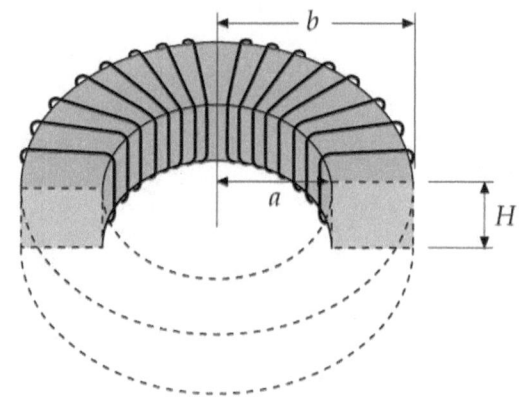

Corte de una bobina toroide

Este tipo de dispositivos "no funciona con corriente continua", ya que es necesario la acción de una corriente alterna para lograr una inducción magnética. Dependiendo de su aplicación, los núcleos pueden ser también de ferrite o de aire, para altas frecuencias. Las bobinas se miden en Henry, pero como en la práctica es una unidad muy grande, se utilizan submúltiplos: Mili Henry: mHy=L/1000

Micro Henry: µF=µF/1000000

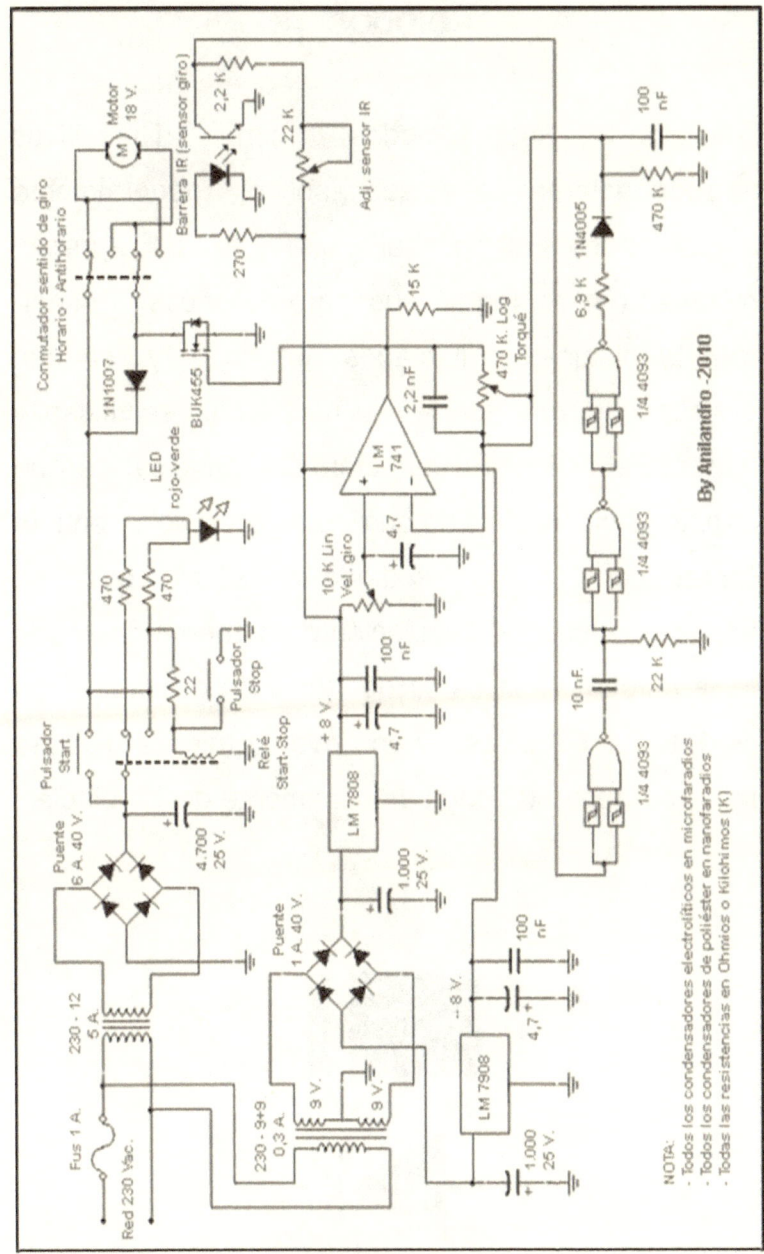

Plano electrónico

Identificar en el plano los elementos aprendidos. Anotar valores y símbolos.

DIODOS

Definición: Los diodos son dispositivos semiconductores de estado sólido, generalmente fabricados con silicio, al que se le agregan impurezas para lograr sus características. Poseen dos terminales, llamados ánodo y cátodo. Básicamente un diodo se utiliza para rectificar la corriente eléctrica. Su característica principal es que permite la circulación de corriente en un solo sentido. Por su construcción, el diodo de silicio posee en polarización directa (circulación de corriente de ánodo hacia cátodo) una caída de tensión del orden de los 0,6 a 0,7 voltios, y en inversa (bloqueo) tiene una corriente de fuga prácticamente despreciable.

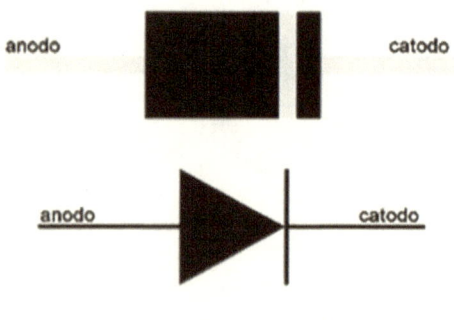

Símbolo general

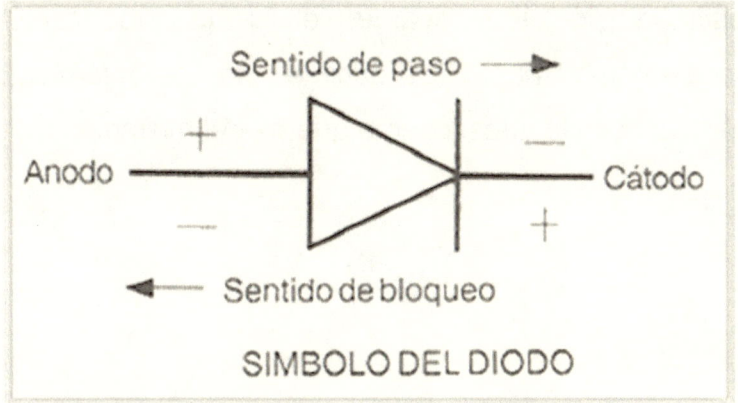

Sentido de la corriente y bloqueo

Hay diodos de uso especial, como los Zener, los Schottky, de Señal, etc. Vamos a describirlos a continuación.

Tipos de diodos

-Diodos de uso general

Estos se utilizan principalmente como rectificadores, o como protección en aparatos a baterías, previniendo su deterioro al conectarlos con polaridad inversa a la utilizada. Generalmente no se los utiliza en alterna para frecuencias superiores a los 100 ciclos (100 Hertz). Este problema se llama "tiempo de recuperación", y es el tiempo que tarda el diodo en absorber el cambio de polaridad para bloquear la circulación de corriente. Si se hace trabajar un diodo a una frecuencia más alta que la estimada por el fabricante, el diodo comenzará a recalentarse hasta producirse un embalamiento térmico, con la consecuente quema del mismo.

-Diodos Zener: Estos diodos en directa se comportan como un diodo común, pero en inversa poseen lo que se denomina "tensión de Zener". Llegando a una determinada tensión inversa, el diodo comienza a conducir, y si se sigue aumentando la tensión, el Zener la mantendrá a un valor constante, que es su tensión de inversa. Pasando un límite, el diodo se destruye.

-Diodos Schottky: Estos diodos están diseñados para cumplir la misma función que los de uso general, pero a altas frecuencias. Se utilizan, por ejemplo, en fuentes de alimentación de computadoras, donde la frecuencia de la corriente alterna puede llegar a los 100KHz (100000 ciclos por segundo).

-Diodos de Señal: Son diodos para utilizar en alta frecuencia, pero generalmente de poca potencia.

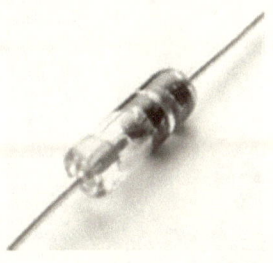

-Diodos de potencia: Son diodos de encapsulado metálico, generalmente de grandes dimensiones. Se utilizan, por ejemplo, en cargadores de baterías y alternadores de automotores.

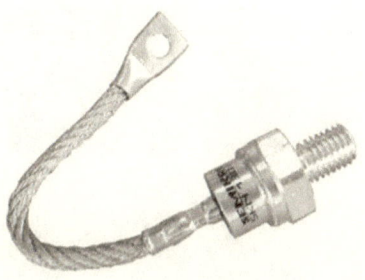

-Diodos LED: Son un tipo de diodos denominados "Diodo Electro Luminiscente" (LED por sus siglas en Ingles). Tiene la propiedad de emitir luz cuando se le aplica una corriente en directa. Existen de muchos tipos, colores, e incluso destellantes y de varios colores.

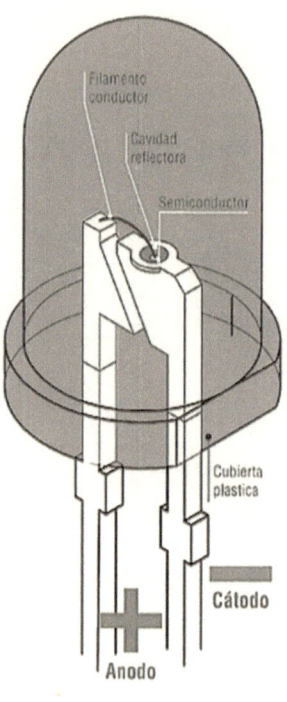

¿Qué es un LED?

Un diodo emisor de luz, también conocido como **LED** (acrónimo del inglés de Light-Emitting Diode) es un dispositivo semiconductor (diodo) que emite luz incoherente de espectro reducido cuando se polariza de forma directa y circula por él una corriente eléctrica. Este fenómeno es una forma de electroluminiscencia. El color (longitud de onda), depende del material semiconductor empleado en la construcción del diodo y puede variar desde el ultravioleta, pasando por el visible, hasta el infrarrojo. Los diodos rojos son construidos a base de galio.

Ventajas

: : Los **LEDs** emiten luces de un color determinado, y por lo que no son necesarios filtros o las ópticas coloreadas que deben usarse al emplear lámparas incandescentes.

: : La luz que emiten por unidad de potencia eléctrica consumida -su "eficacia"- es tres veces mayor que la de las lámparas incandescentes.

: : Tienen alta resistencia a golpes y vibraciones. A ello se agrega que su vida útil se acerca a las 10.000 horas, 10 veces más que la de las lámparas incandescentes.

Es por eso que los diodos ya se presentan como "la luz del futuro".

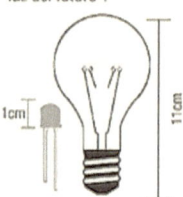

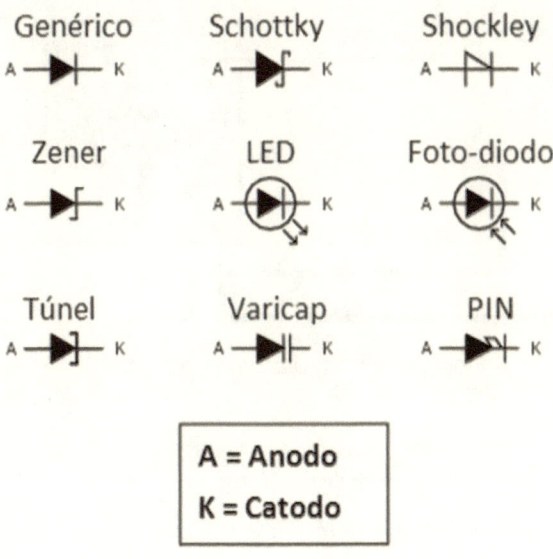

Tipos de diodos (Símbolos)

Comprobación de diodos

Las medidas se efectuarán colocando el instrumento en las escalas de resistencia y preferiblemente en la escala ohm x 100. Así cuando se intenta medir la resistencia de un diodo, se encontrarán dos valores totalmente distintos, según el sentido de las puntas. Si la punta roja (negativo) se conecta a la zona N (cátodo del diodo) y la punta negra a la P (ánodo), la unión se polariza en directo y se hace conductora.

El valor concreto indicado por el instrumento no tiene significado alguno, salvo el de mostrar que por la unión circula corriente. (Imagen 1).

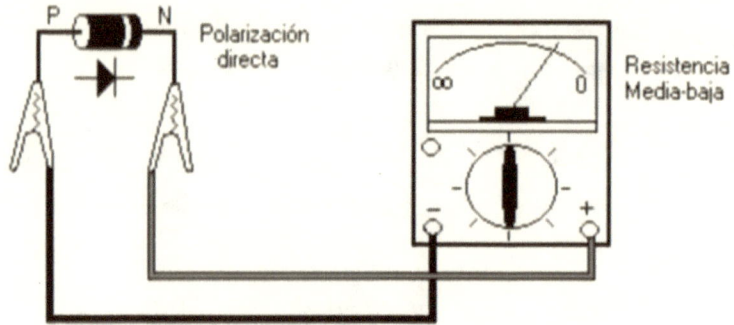

Resistencia Media-baja (Imagen 1)

Por el contrario, cuando la punta roja se conecta a la zona P (ánodo), y la negra a la zona N (cátodo), se está aplicando una tensión inversa. La unión no conducirá, y esto será interpretado por el instrumento como una resistencia muy elevada. (Imagen 2).

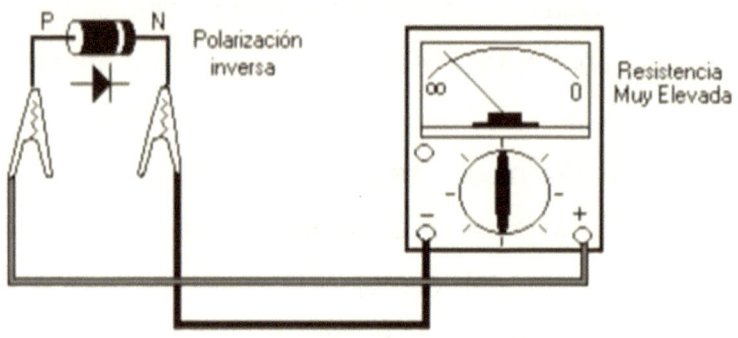

Resistencia muy elevada (Imagen 2)

Un diodo sano tendrá en directa un valor entre 500 y 800 (dependiendo del tipo de diodo), mientras que en inversa deberá medir infinito. Caso contrario, el diodo está dañado.

Circuitos de ejemplo

a) Rectificador de media onda:

En este circuito, el diodo conduce durante la mitad del ciclo de corriente alterna. De este modo, solamente un semiciclo pasa al otro lado del circuito.

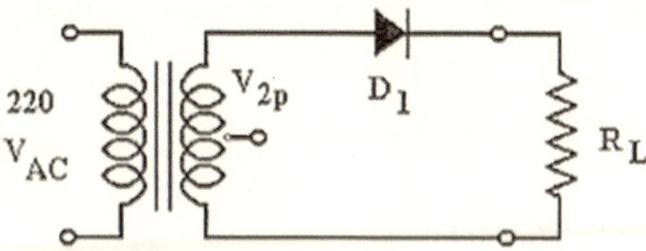

Fig. 1 Circuito Rectificador de Media Onda

b) Rectificador de onda completa:

En este circuito los diodos están configurados en puente, para hacer que ambos semiciclos de la corriente alterna pasen al positivo del circuito.

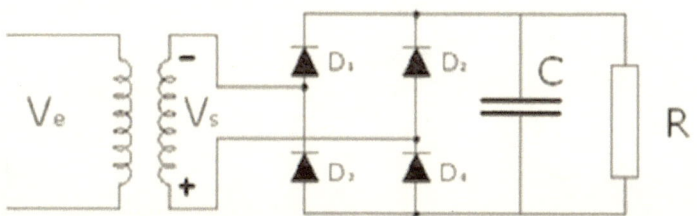

c) Regulador de tensión con diodo Zener:

En este circuito, el diodo Zener forma un regulador de tensión, que protege al circuito de las variaciones de tensión provenientes de la fuente de alimentación.

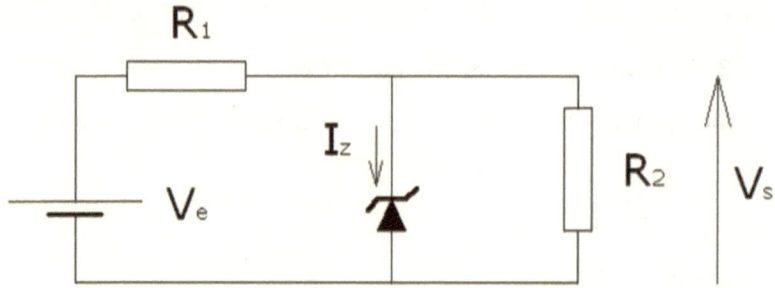

d) Recortador de señal:

En este circuito, un par de diodos en una salida de preamplificador produce un recorte simétrico de la señal de audio.

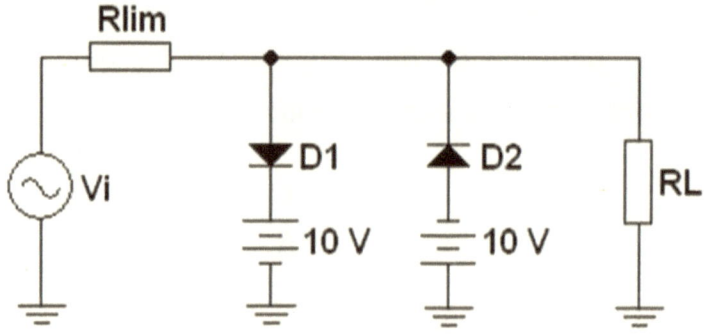

TRANSISTORES

-Definición: Los transistores son dispositivos semiconductores de estado sólido, generalmente fabricados con silicio, al que se le agregan impurezas. Los transistores tienen distintas denominaciones, en base a su tipo de construcción. Vamos a ocuparnos de los más comunes. El transistor es un elemento de tres terminales, que tiene la propiedad de variar la corriente que circula a través de él mediante una polarización muy pequeña. Es decir, se pueden manejar grandes corrientes mediante la inyección apropiada de una corriente de control muy pequeña. Este es el principio por el cual los transistores son muy utilizados como elementos amplificadores de potencia.

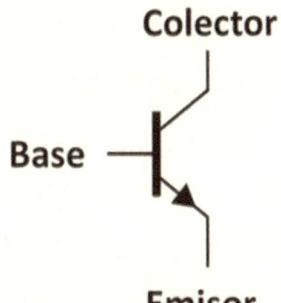

Componentes de un transistor

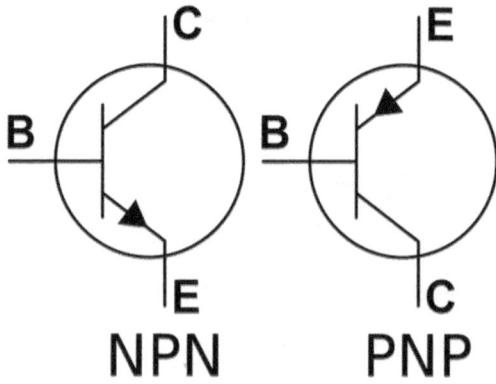

Símbolos de transistores

Tipos de transistores

-Bipolar: Es uno de los transistores más utilizados. Consta de tres bloques de material semiconductor, que se pueden disponer en configuración NPN o PNP, y de tres terminales, Base, Colector y Emisor. Las denominaciones NPN y PNP corresponden al tipo de material con el que están dopados los bloques de silicio. Estos bloques en realidad son uno solo, el secreto es que al agregarle impurezas en lugares precisos, se producen zonas dentro del bloque, delimitadas por junturas. Esto permite que tenga propiedades semiconductoras. Aplicando la polarización apropiada a la base del transistor, se logra variar su ganancia, produciendo una amplificación de la señal aplicada a la base.

La circulación de corriente en un tipo de estos transistores se produce en dirección opuesta al del otro tipo, y las polarizaciones son de polaridad opuesta. Hay transistores bipolares de muchos tipos y potencias.

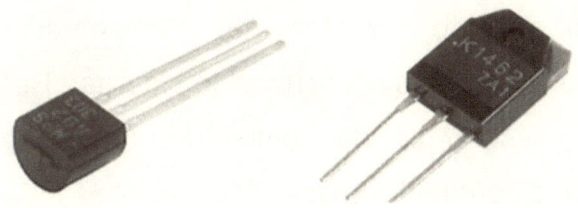

-Unipolar: también llamado "Efecto de campo "(FET por sus siglas en Ingles), permite controlar el paso de la corriente eléctrica mediante un campo eléctrico.

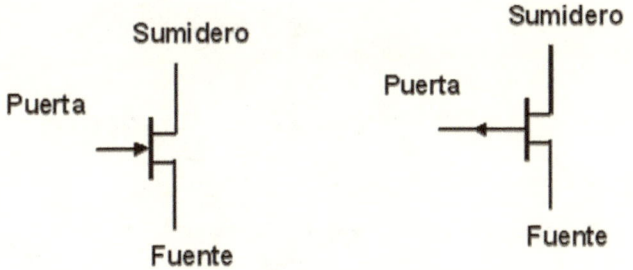

La figura muestra el croquis de un FET con canal N y P

Mediante la aplicación de una polarización inversa a la compuerta, se produce un "estrechamiento" de la misma, lo que reduce la cantidad de electrones circulantes. Existen FET tipo N y tipo P, dependiendo de la disposición de las zonas dopadas. MOSFET: Este tipo de FET posee una compuesta aislada, lo que genera una resistencia de entrada extremadamente elevada. Existen dos tipos, de canal N y canal P. A su vez, existen los de "enriquecimiento" y los de "empobrecimiento", dependiendo de su construcción interna. Requieren muy poca corriente de compuerta para funcionar, y son sumamente eficientes.

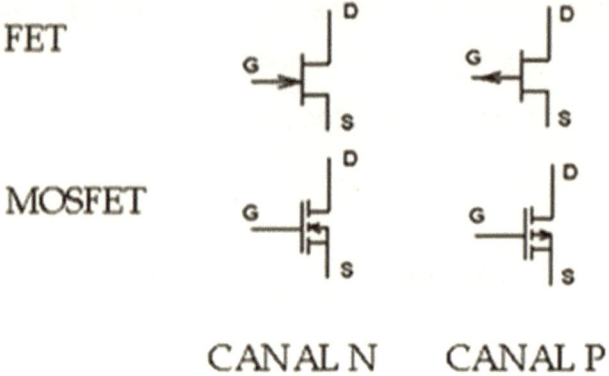

Comprobación de transistores

Antes de comprobar los transistores, se debe consultar en un manual de componentes su configuración de patas, ya que hay varias combinaciones existentes. Para comprobar el estado de los transistores están preparados estos gráficos, que indican cómo medir un transistor.

Prueba de transistores

Un transistor bipolar equivale a dos diodos en oposición (tiene dos uniones), por lo tanto las medidas deben realizarse sobre cada una de ellas por separado, pensando que el electrodo base es común a ambas direcciones.

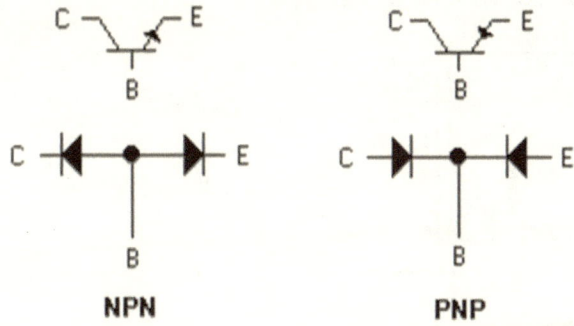

Un transistor bipolar equivale a dos diodos en oposición

Se empleará un multímetro analógico y las medidas se efectuarán colocando el instrumento   en   las escalas de   resistencia y preferiblemente en las escalas ohm x 1, ohm x 10 ó también ohm x 100. Antes de   aplicar las puntas   al   transistor es conveniente cerciorarse del tipo de éste, ya que si es NPN se procederá de forma contraria que si se trata de un PNP. Para el primer caso (NPN) se situará la punta negra (negativo) del multímetro sobre el terminal de la base y se aplicará la punta roja sobre las patitas correspondientes al emisor y colector. Con esto se habrá aplicado entre la base y el emisor o colector, una polarización directa, lo que traerá como consecuencia la entrada en conducción de ambas uniones, moviéndose la aguja del multímetro hasta indicar un cierto valor de resistencia, generalmente baja (algunos ohm) y que depende de muchos factores.

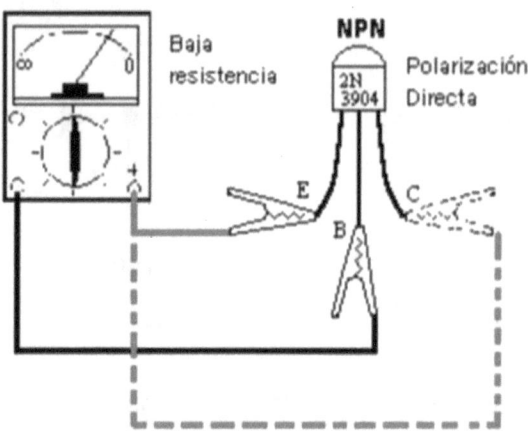

A continuación se invertirá la posición de las puntas del instrumento, colocando la punta roja (positivo) sobre la base y la punta negra sobre el emisor y después sobre el colector. De esta manera el transistor recibirá una tensión inversa sobre sus uniones con lo que circulará por él una corriente muy débil, traduciéndose en un pequeño o incluso nulo movimiento de la aguja. Si se tratara de un transistor PNP el método a seguir es justamente el opuesto al descripto, ya que las polaridades directas e inversas de las uniones son las contrarias a las del tipo NPN.

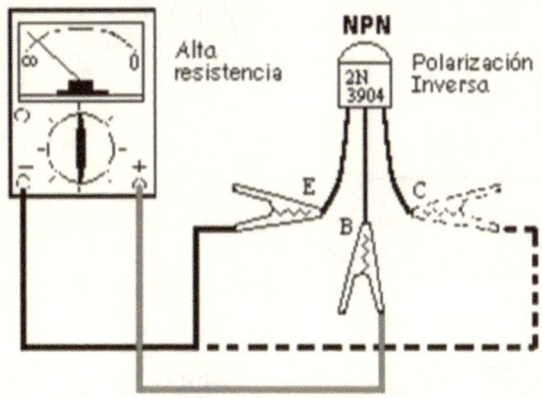

Las comprobaciones anteriores se completan con una medida, situando el multímetro entre los terminales de emisor y colector en las dos posibles combinaciones que puede existir; la indicación del instrumento será muy similar a la que se obtuvo en el caso de aplicar polarización inversa (alta resistencia), debido a que al dejarla base sin conexión el transistor estará bloqueado.

Esta comprobación no debe olvidarse, ya que se puede detectar un cortocircuito entre emisor y colector y en muchas ocasiones no se descubre con las medidas anteriores.

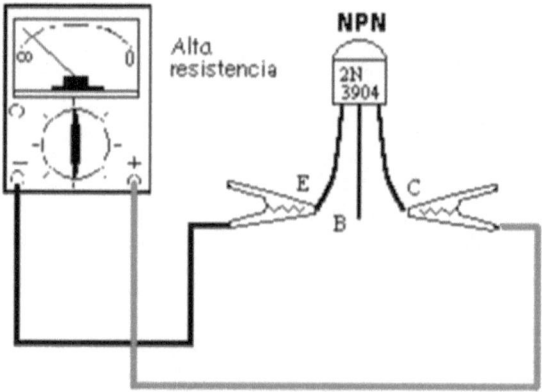

Prueba de cortocircuito en colector - emisor

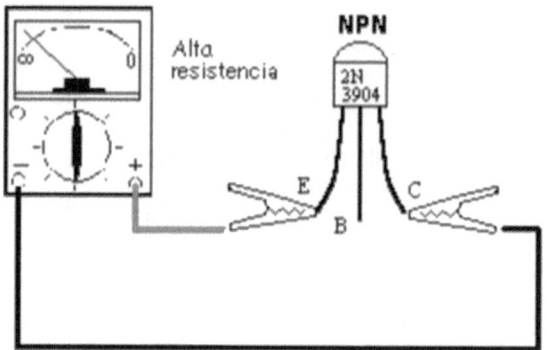

Prueba de cortocircuito en colector - emisor

Circuitos de ejemplo

En este ejemplo mostramos un preamplificador. La función principal de un preamplificador es para captar la señal de su fuente primario y luego manejarla en preparación para su transferencia a la sección del amplificador.

Preamplificador

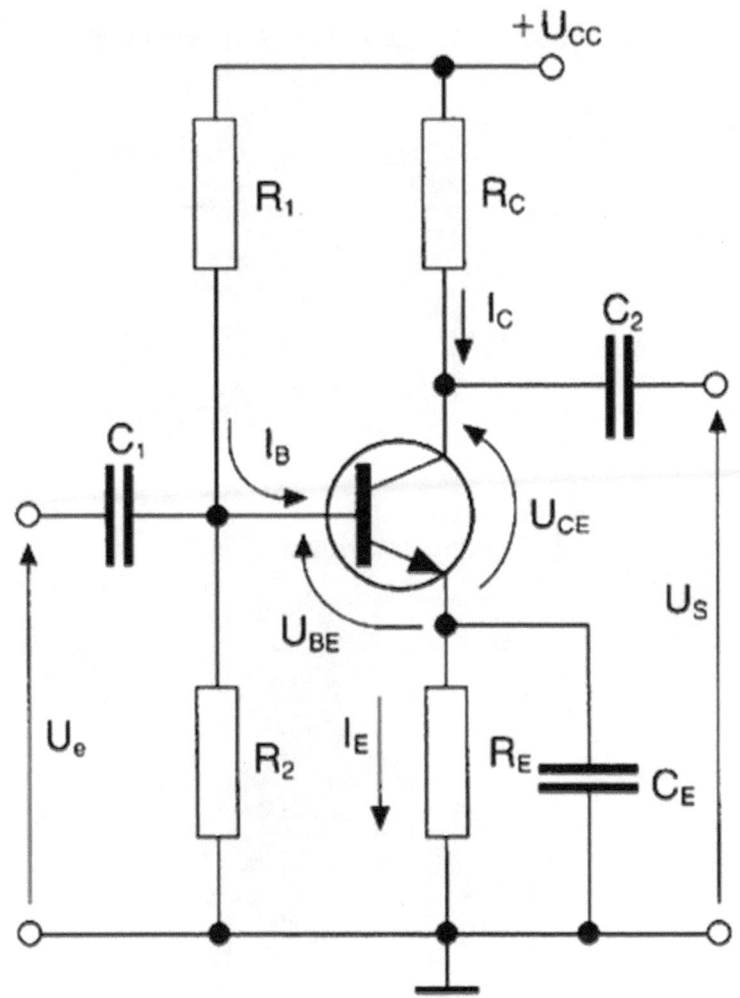

CIRCUITOS INTEGRADOS

-Definición: Un circuito integrado, como su nombre lo indica, es un conjunto de componentes concentrados dentro de una sola pastilla de material semiconductor.

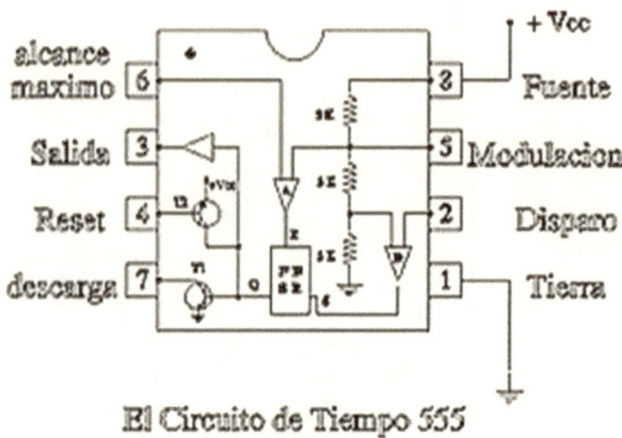

El Circuito de Tiempo 555

Se presentan en encapsulados plásticos con terminales en forma de patas de araña, que salen por el costado del encapsulado. Dependiendo del tipo de encapsulado, se los conocen como SIP (Single In-line Package = Encapsulado en hilera simple), o DIP (Dual In-line Package = Encapsulado en hilera doble). Existen otros encapsulados, pero no los trataremos por ser más específicos para ciertos tipos de integrados. Su variedad es enorme, encontrando desde preamplificadores de audio, hasta procesadores de TV completos. El nivel de integración desde su creación ha sido sorprendente, llegando a su máxima expresión con los procesadores para computadoras, donde cientos de millones de transistores son integrados dentro de una diminuta pastilla de material semiconductor.

Recientemente, se alcanzó la barrera de la integración. Los fabricantes llegaron a un punto que no pudieron comprimir más los transistores para aumentar las prestaciones de los procesadores. Por eso, ahora comenzó una nueva era en la historia de los procesadores: los "doble núcleo", dos procesadores totalmente independientes dentro de una sola pastilla.

Algunos integrados

-PC 817: Optoacoplador. Este integrado posee en su interior un LED y un transistor, en el cual la base es polarizada por un haz luminoso, proveniente del LED. Esto produce una variación en la resistencia colector-emisor del transistor. Al aumentar la tensión aplicada al LED, disminuye la resistencia colector-emisor del transistor.

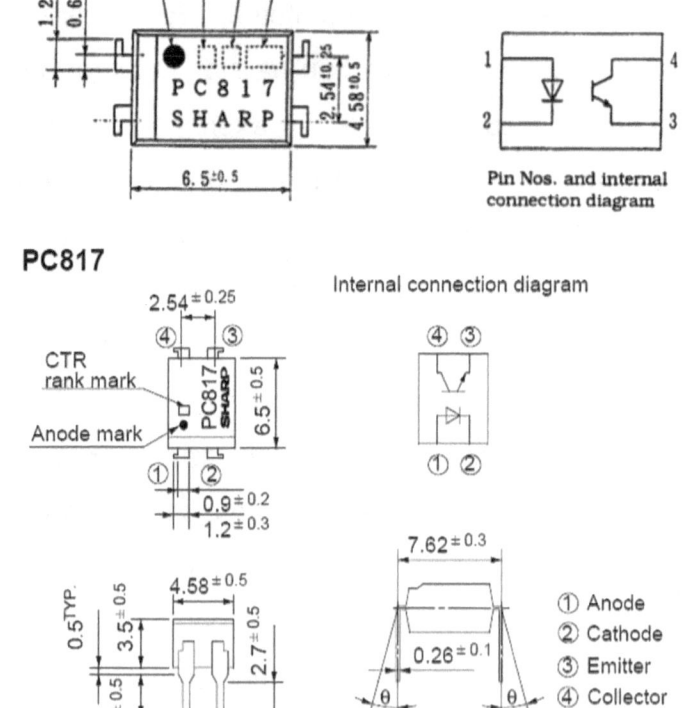

Esquema del Octoacoplador PC817

-RC 4558: Amplificador Operacional Doble. Este operacional doble de alta performance es muy utilizado en preamplificadores de audio. Como muestra la figura de la derecha, cada amplificador del integrado está formado por ese circuito. Dense una idea del nivel de integración de componentes.

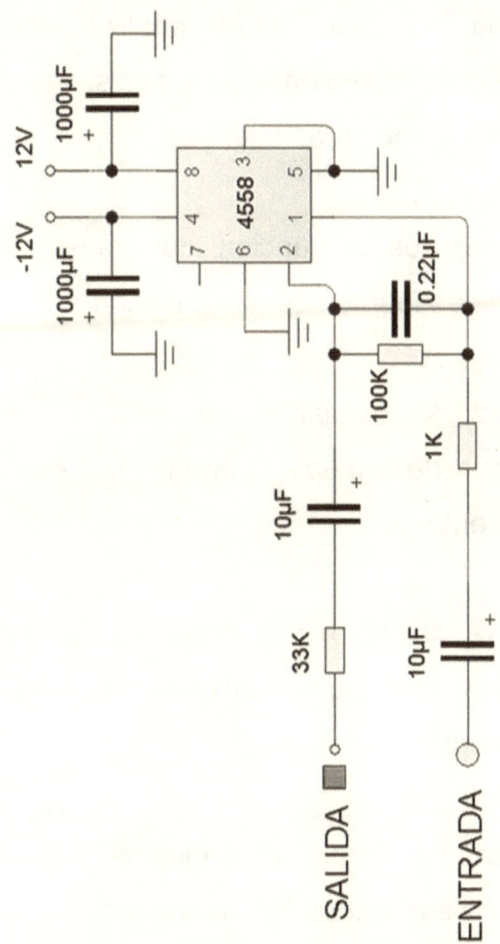

CIRCUITOS CON DIODOS

(Fuente de alimentación)

Un diodo rectificador, idealmente hablando, es un interruptor cerrado cuando se polariza en directa y una interruptor abierto cuando se polariza en inversa. Por ello, es muy útil para convertir corriente alterna en continua. En este tema analizaremos los tres circuitos rectificadores básicos. Una vez estudiado el tema, debería ser capaz de:

• Saber cuál es la función del transformador de entrada en las fuentes de alimentación.

• Ser capaz de dibujar el esquema de un circuito rectificador de media onda y explicar su funcionamiento.

• Ser capaz de dibujar el esquema de un circuito rectificador de onda completa y explicar su funcionamiento.

• Ser capaz de dibujar el esquema de un puente rectificador y explicar su funcionamiento.

• Saber cómo funciona y para qué sirve un condensador de entrada como filtro dentro de la fuente de corriente.

• Ser capaz de encontrar las tres características principales de un diodo rectificador en una hoja de especificaciones de un catálogo.

Fuentes de alimentación

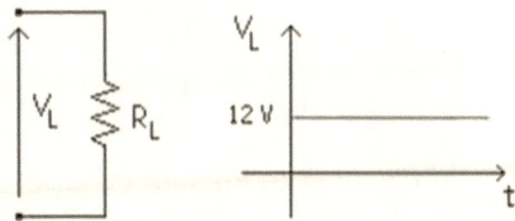

VL tiene que ser continua en la mayoría de los casos, por eso se alimenta en continua, un circuito típico sería algo así:

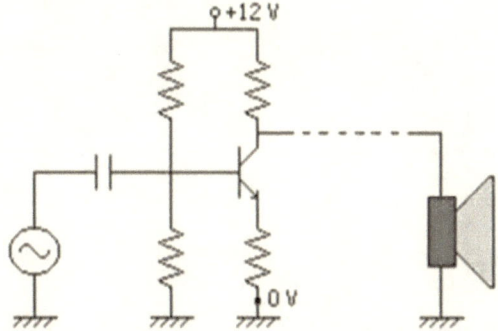

En medio del circuito tenemos transistores para amplificar, etc. Pero al final se tiene que alimentar en continua. Lo más fácil sería alimentar con pilas, pero esto es caro por esa razón hay que construir algo que nos de energía más barata, esto es, una Fuente de Alimentación que coge 220 V del enchufe y transforma la alterna en continua a la salida.

Tenemos que diseñar la Fuente de Alimentación. Partimos de una senoidal del enchufe.

El periodo T, si tenemos 220 V y 50 Hz:

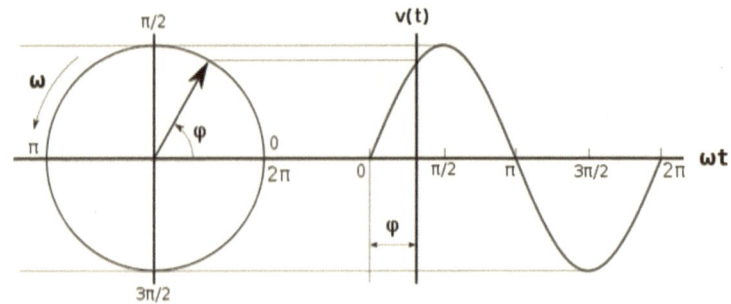

Sinusoide de 1 ciclo. Corriente alterna 220V

$$50 \text{ Hz} = 50 \text{ periodos} / \text{seg} = 50 \text{ ciclos} / \text{seg}$$

$$T = \frac{1}{f} = \frac{1}{50} = 0,020 \text{ segundos} = 20 \text{ mseg}$$

Tenemos que reducir de 220V a 12V en continua, esto es, primero necesitamos un transformador que reduzca la tensión. La tensión de la red es demasiado elevada para la mayor parte de los dispositivos empleados en circuitos electrónicos, por ello generalmente se usan un transformador en casi todos los circuitos electrónicos. Este transformador reduce la tensión a niveles inferiores, más adecuados para su uso en dispositivos como diodos y transistores.

Transformador

Un transformador es un conjunto de chapas de hierro muy juntas que tienen dos arrollamientos, uno a cada lado del conglomerado de chapas de hierro.

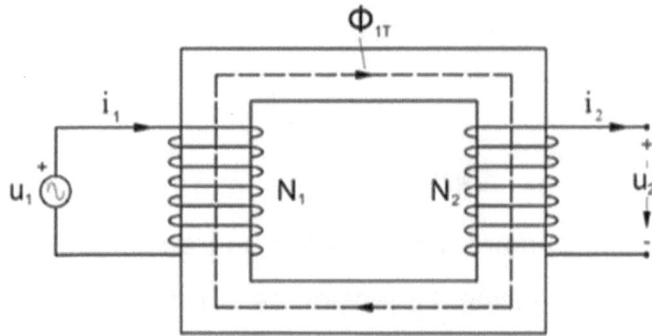

Transformador elemental
U1: Tensión de entrada CA
U2: Tensión de salida CA

Para trabajar sobre el papel usaremos esta simbología:

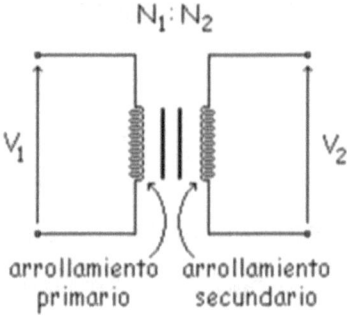

$N_1 = $ Número de espiras o vueltas del primario
$N_2 = $ Número de espiras o vueltas del secundario

La bobina izquierda se llama "Arrollamiento Primario" y la derecha se llama "arrollamiento secundario". El número de vueltas en el arrollamiento primario es N1 y el del arrollamiento secundario N2. Las rayas verticales entre los arrollamientos primario y secundario indican que el conductor está enrollado alrededor de un núcleo de hierro. La relación entre el número de vueltas y la tensión es:

$$\frac{V_1}{N_1} = \frac{V_2}{N_2}$$

Transformador elevador

Cuando el arrollamiento secundario tiene más vueltas que el arrollamiento primario (N2>N1), la tensión del secundario es superior a la del primario (V2>V1), es decir, N2:N1 es mayor que 1 (N2:N1 > 1). Por lo tanto si N2 tiene el triple de vueltas que N1, la tensión en el secundario será el triple que la tensión en el primario.

$$\text{Como} \quad \frac{V_1}{N_1} = \frac{V_2}{N_2} \quad \text{si} \quad N_2 > N_1 \Longrightarrow V_2 > V_1$$

A la vez que elevador de tensión este transformador es "Reductor de Corriente".

$$\text{Como} \quad \frac{I_2}{N_1} = \frac{I_1}{N_2} \quad \text{si} \quad N_2 > N_1 \Longrightarrow I_2 > I_1$$

Transformador reductor

Cuando el arrollamiento secundario tiene menos vueltas que el arrollamiento primario (N2 < N1), se induce una tensión menor en el secundario de la que hay en el primario. En este caso N2:N1 sería menor que 1 (N2:N1 < 1). Ejemplo:

$$N_1 = 9 \quad N_2 = 1 \quad V_1 = 220 \ V$$

Por cada 9 espiras en N1 hay 1 espira en N2.

$$\frac{V_1}{N_1} = \frac{V_2}{N_2} \implies V_2 = V_1 \cdot \frac{N_2}{N_1} = 220 \cdot \frac{1}{9} = 24,4 \ V$$

Esta fórmula se cumple para V1 y V2 eficaces. Como se ha visto, ha habido una reducción muy grande.

A este tipo de transformador se le llama "Transformador Reductor" (de tensión). A la vez que reductor es elevador de corriente también.

$$N_2 < N_1 \implies V_2 < V_1$$

$$\frac{I_2}{N_1} = \frac{I_1}{N_2} \quad N_2 < N_1 \implies I_2 < I_1$$

Efecto sobre la corriente

En la figura siguiente se puede ver una resistencia de carga conectada al arrollamiento secundario, esto es, el transformador en carga.

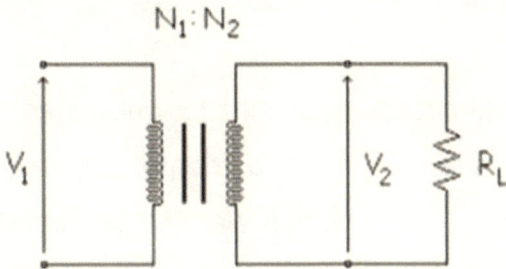

A causa de la tensión inducida en el arrollamiento secundario, a través de la carga circula una corriente. Si el transformador es ideal (K = 1 y no hay pérdidas de potencia en el arrollamiento y en el núcleo), la potencia de entrada es igual a la potencia de salida:

$$P_2 = P_1 \implies V_2 \cdot I_2 = V_1 \cdot I_1$$

Si aplicamos esta ecuación:

$$\frac{V_2}{V_1} = \frac{N_2}{N_1}$$

Por lo tanto nos quedaría:

$$\frac{I_1}{N_2} = \frac{I_2}{N_1}$$

Y al final tenemos esta ecuación:

$$I_1 = \frac{N_2}{N_1} \cdot I_2$$

Rectificador de media onda

Simulación

Este es el circuito más simple que puede convertir corriente alterna en corriente continua. Este rectificador lo podemos ver representado en la siguiente figura:

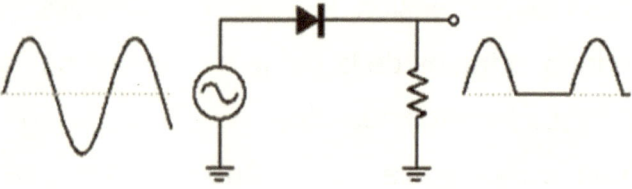

La sinusoide sale con media onda "partida"

Rectificador de onda completa con 2 diodos

Simulación

La siguiente figura muestra un rectificador de onda completa con 2 diodos:

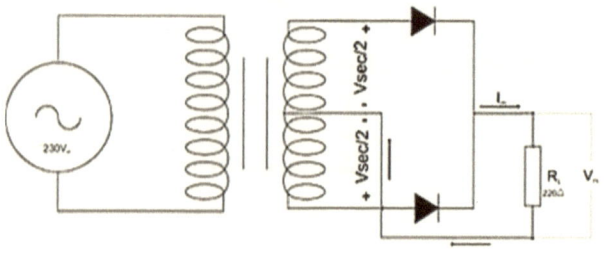

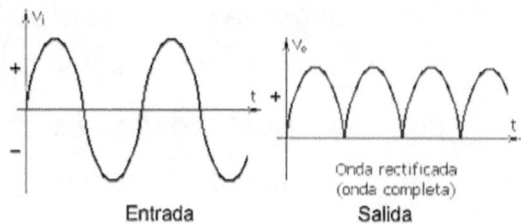

Entrada   Salida

Con 2 diodos la onda es siempre positiva

Rectificador de onda completa en puente

Simulación

En la figura siguiente podemos ver un rectificador de onda completa en puente: Mediante el uso de 4 diodos en vez de 2, este diseño elimina la necesidad de la conexión intermedia del secundario del transformador. La ventaja de no usar dicha conexión es que la tensión en la carga rectificada es el doble que la que se obtendría con el rectificador de onda completa con 2 diodos.

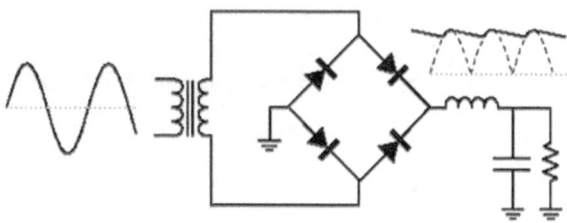

La onda es solo una cresta (Arriba derecha).

Descarga de un condensador a través de una resistencia.

La misión de los rectificadores es conseguir transformar la tensión alterna en tensión continua, pero solamente con los rectificadores no obtenemos la tensión continua deseada. En este instante entra en juego el filtro por condensador.

Conociendo las características de un Condensador, y viendo su capacidad de almacenamiento de energía, lo podemos utilizar como filtro para alisar la señal que obtenemos en la salida.

$$\dashv\vdash c \quad \dashv\vdash c \quad \dashv\vdash c$$

Símbolos de condensadores

Como se ha dicho el condensador es un elemento que almacena energía.

Este elemento se opone a las variaciones bruscas de la tensión que se le aplica.

Se representa con la letra C y su unidad es el Faradio (F). Una capacidad (o condensador) pura adelanta la intensidad 90º con respecto a la tensión aplicada entre sus bornes. Cuando la tensión aplicada entre los bornes del condensador aumenta en el condensador se crea una diferencia de potencial de signo contrario a la aplicada entre los bornes oponiéndose así a la variación brusca de la tensión. La carga y descarga de un condensador es la relación voltaje y tiempo de carga, respecto al voltaje y tiempo de descarga.

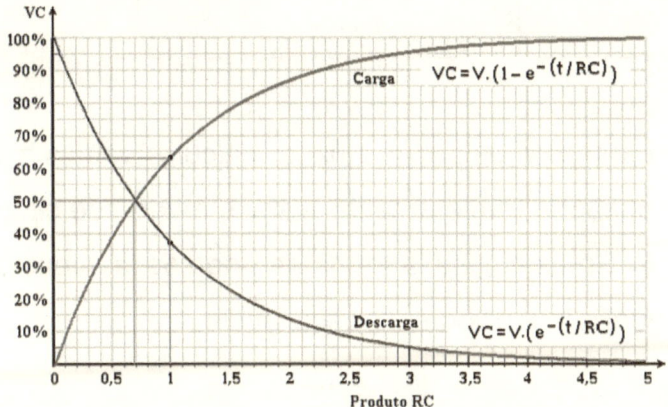

Gráfica de las curva de carga y descarga

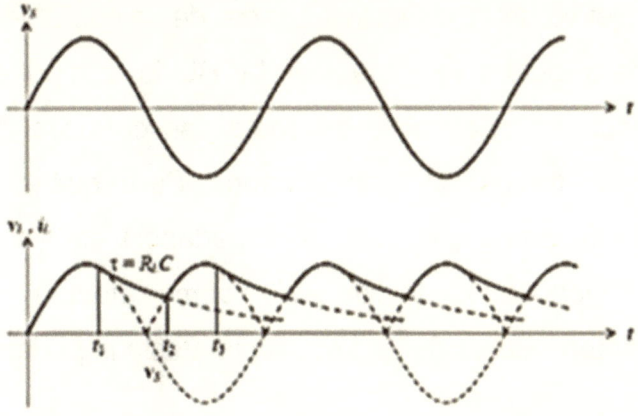

Descarga del capacitor en la rectificación de onda completa

Rectificador de media onda con filtro por condensador

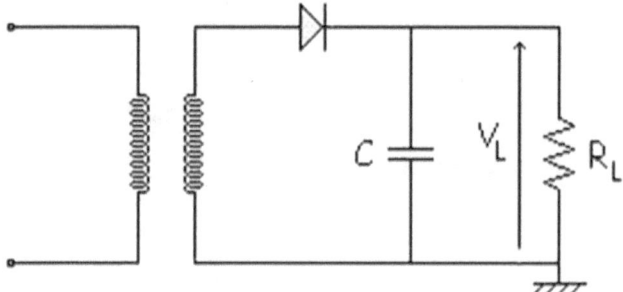

Pero antes de empezar a hacer cálculos vamos a ver un concepto. Primeramente vamos a ver ese circuito sin C. En este caso la forma de onda de la intensidad es igual a la tensión en la resistencia.

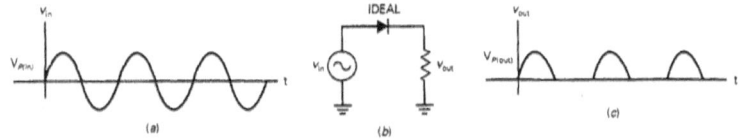

El objetivo del C es desviar parte de la corriente por él, para que sólo vaya por la RL la componente continua de Fourier y el resto se cortocircuite a masa a través del condensador. Para que esto ocurra tenemos que ver la impedancia equivalente del condensador, y ver así como afectan los diferentes valores de la frecuencia a esta impedancia.

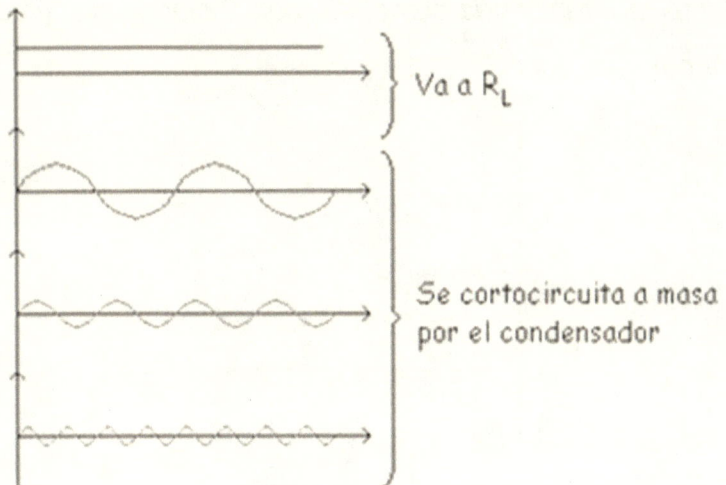

Las ondas que tendríamos con y sin C serán estas, comparadas con la onda del secundario:

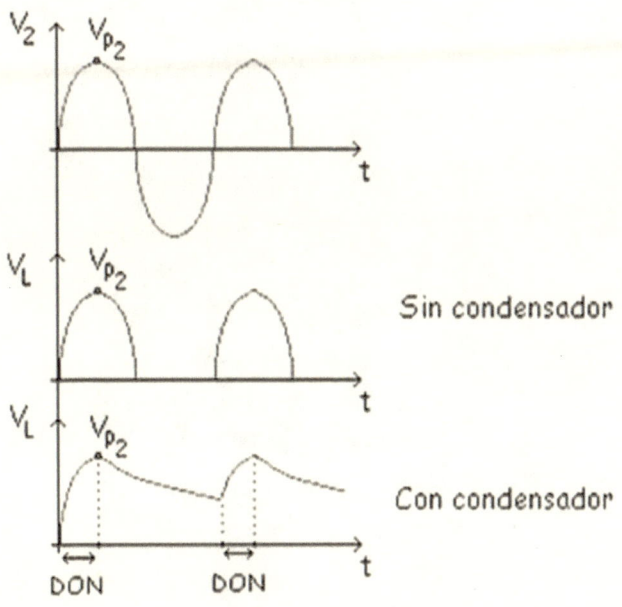

Rectificador de onda completa con 2 diodos con filtro por condensador.

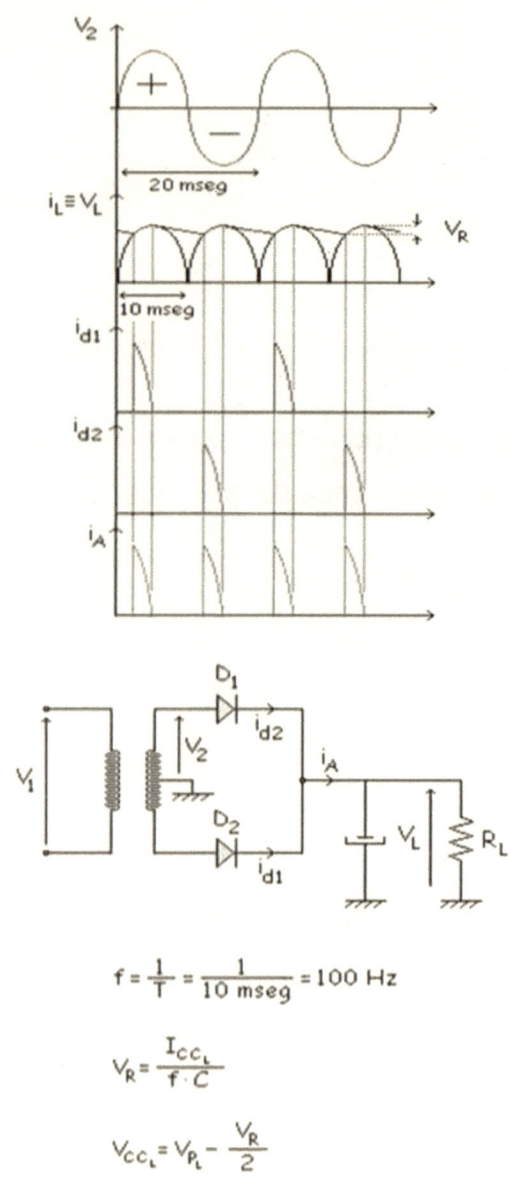

$$f = \frac{1}{T} = \frac{1}{10\ mseg} = 100\ Hz$$

$$V_R = \frac{I_{CC_L}}{f \cdot C}$$

$$V_{CC_L} = V_{P_L} - \frac{V_R}{2}$$

El D1 conduce en el semiciclo positivo y sólo cuando se carga el C. El D2 conduce en el semiciclo negativo y sólo cuando se carga el C.

La deducción de esa fórmula (VCCL) es como antes, aproximar a una triangular, y sale la misma fórmula.

Rectificador de onda completa en puente con filtro por condensador

El C siempre se pone en paralelo con la RL. El circuito y las gráficas son las siguientes:

Ejemplo:

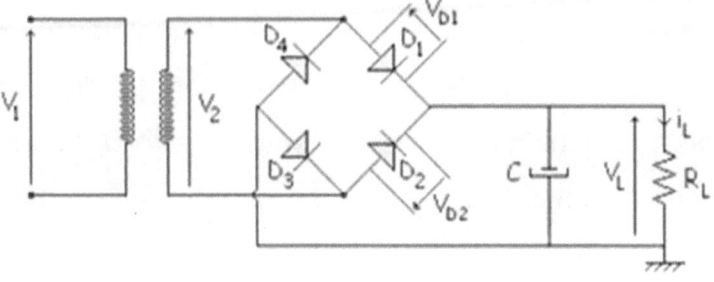

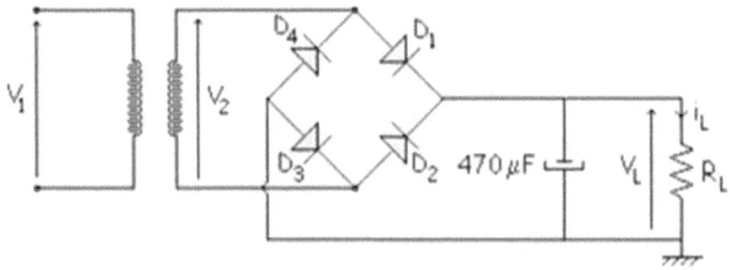

Transformadores reales

Los transformadores son cuadrados de chapas de hierro colocados uno tras otro y arrollados por un hilo de cobre barnizado (aislado), tanto en el primario como en el secundario.

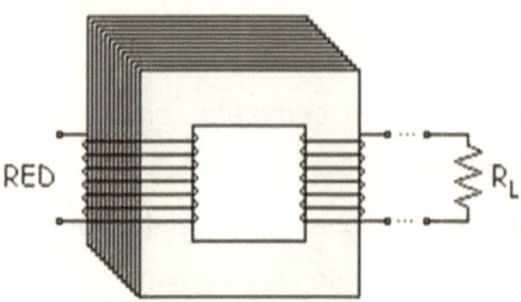

Los transformadores reales no son ideales, el conductor del bobinado (cobre) tiene una resistencia que produce pérdidas de potencia. Son perdidas de potencia debidas al calentamiento en el hilo, son las "Pérdidas en el Cobre".

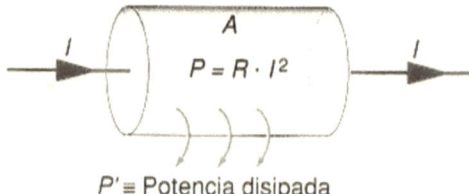

$P' \equiv$ Potencia disipada

Si P' < P, el conductor eleva su temperatura.

El flujo magnético en las chapas crean unas "Pérdidas en el Hierro", que suelen ser perdidas por

Histéresis y por Foucault. Entonces de la red no se aprovecha todo. Lo ideal sería el 100 % de la red a la carga, pero existen esas pérdidas.

Ejemplo:

Transformador F25X:

$$V_1 = 115\ V \quad V_2 = 12.6\ V \quad I_1 = 1.5\ A\ 118$$

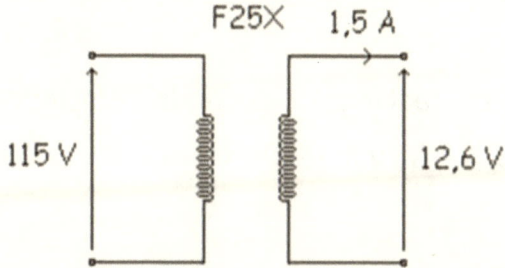

Si se quita la carga, aumenta la tensión en el secundario, y no hay pérdidas en el secundario. Al final si se quiere conocer la corriente del primario se usa la ecuación:

$$V_2 = V_1 \cdot \frac{N_2}{N_1}$$

Y para calcular la corriente del primario se usa la ecuación:

$$I_1 = \frac{N_2}{N_1} \cdot I_2$$

En este manual nos van a interesar los transformadores ideales que son los vistos anteriormente, pero es interesante tener en cuenta que los transformadores que compréis en la tienda son reales y no ideales.

Sugerencias para el diseño de fuentes de alimentación.

Tenemos un rectificador de onda completa con una VL (VCCL = 9 V) y IL (ICCL = 1 A).

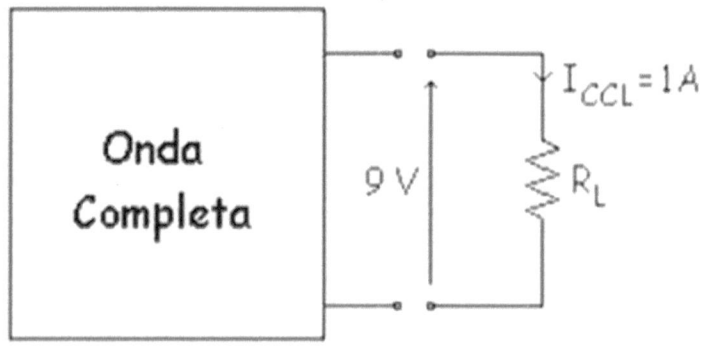

PRÁCTICAS Y CIRCUITOS

Primeros contactos

-Símbolos y componentes

• Protoboard o placa de pruebas

-Circuitos de prueba

• LED's y Diodos

• Potenciómetros y Fotoceldas

• Capacitores Electrolíticos

• Transistores NPN y PNP

• Circuito Integrado NE555

• SCR's y Relés

-Datos

• Código de colores para Resistencias

• Capacitores

• Cerámicos - Código de lectura

• Unión de Resistencias (en serie, paralelo y unión mixta).

Símbolos y Componentes

Esto para empezar, obviamente no son todos los símbolos y los componentes que existen pero sí los que nos interesan para poder iniciarnos en el tema.

Cada símbolo irá acompañado del aspecto real del componente.

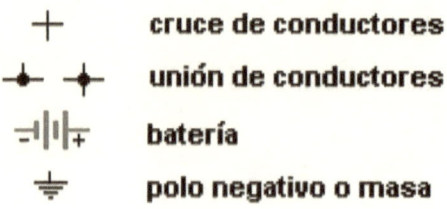

+   **cruce de conductores**

unión de conductores

batería

polo negativo o masa

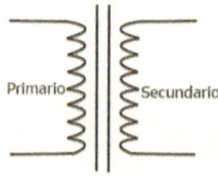

Interruptor. Abre o cierra un circuito.

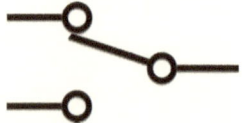

Transformador. Sólo es un bobinado de cobre, nos permite disminuir la tensión, en nuestro caso de 220 Volt a 5V, 12V, 24V, etc.

LED (Diodo Emisor de Luz), los hay rojos, verdes, azules, amarillos, también infrarrojos, láser y otros.

Sus terminales son ánodo (terminal largo) y cátodo (terminal corto).

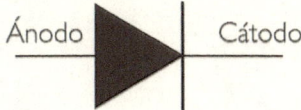

Diodo. Al igual que los LED's sus terminales son ánodo y cátodo (este último, identificado con una banda en uno de sus lados), a diferencia de los LED's éstos no emiten luz.

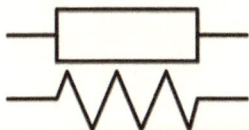

Resistencias o Resistores. Presentan una cierta resistencia al paso de la corriente, sus valores están dados en Ohmios, según un Código de colores.

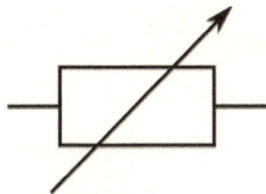

Potenciómetros. Son resistencias variables, en su interior tienen una pista de carbón y un cursor que la recorre. Según la posición del cursor el valor de la resistencia de este componente cambiará.

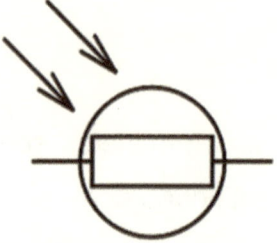

Fotocélula. También llamada LDR. Una fotocelda es un resistor sensible a la luz que incide en ella. A mayor luz menor resistencia, a menor luz mayor resistencia.

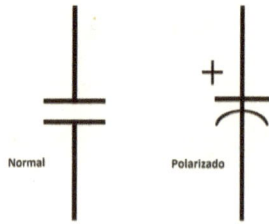

Capacitor de cerámica. Estos son componentes que pueden almacenar pequeñas cargas eléctricas, su valor se expresa en picofaradios o nanofaradios, según un código establecido, no distingue sus terminales por lo que no interesa de qué lado se conectan.

—┤I+—   —)(+—

Condensador electrolítico. Almacenan más energía que los anteriores, eso sí, se debe respetar la polaridad de sus terminales. El más corto es el negativo o bien, podrás identificarlo por el signo en el cuerpo de componente.

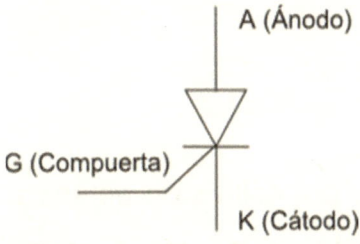

Transistores. Básicamente un   transistor puede controlar una corriente muy grande a partir de una muy pequeña. Muy común   en los amplificadores de audio. En general son del tipo NPN y PNP, sus terminales son; Colector, Base y Emisor.

A (Ánodo)

G (Compuerta)

K (Cátodo)

SCR o TIC 106. Son llaves electrónicas, y se activan mediante un pulso positivo en el terminal

G muy común en sistemas de alarma. Sus terminales son Ánodo, Cátodo y Gatillo.

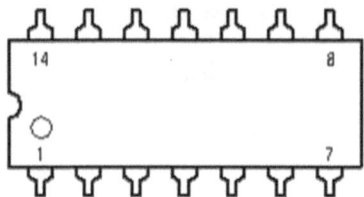

Circuitos Integrados (IC). Un Circuito Integrado (IC) contiene en su interior una gran variedad de componentes en miniatura. Según el IC de que se trate tendrá distintas funciones o aplicaciones, pueden ser amplificadores, contadores, flip-flop, multiplexores, codificadores, etc. Sus terminales se cuentan en sentido opuesto al giro de las agujas del reloj tomando un punto de referencia.

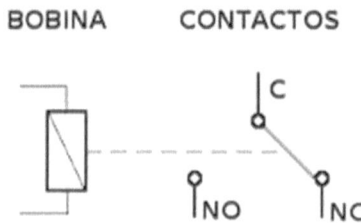

Relé. Básicamente es un dispositivo de potencia, dispone de un electroimán que actúa como Intermediariopara activar un interruptor, siendo este último totalmente independiente del electroimán.

Herramientas fundamentales

Una de las herramienta que utilizaremos de tiempo completo será la placa de pruebas, conocida también como protoboard, te permitirá insertar en ella casi todos los componentes siempre y cuando los terminales no dañen los orificios de la misma, de lo contrario no te será de gran ayuda, pero como para todo existe una solución, puedes soldar un alambre fino de cobre en los terminales de gran espesor, como en los SCR, los potenciómetros, los interruptores, pulsadores, y otros.

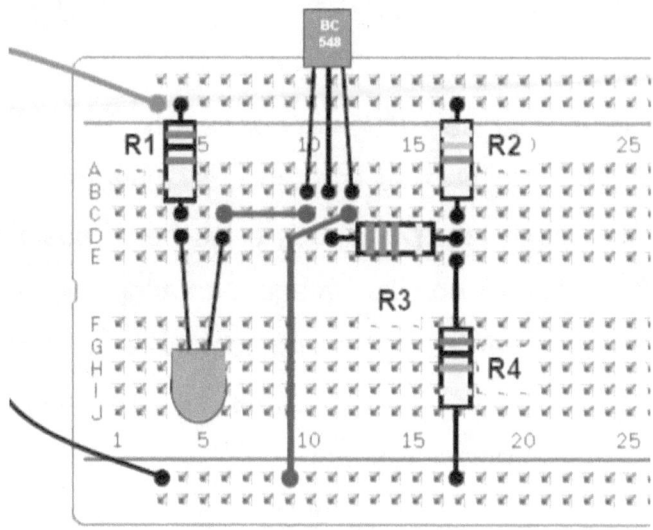

Y aquí está, en lo posible consigue cables finos de teléfono para realizar los puentes de unión, son los que más se adaptan a los orificios de la placa, vienen en una gran variedad de colores, los puedes conseguir de 24 hilos de 10, de 8 y en las casas de electricidad te podrán asesorar.

Esto es lo que se encuentra por dentro

Las líneas horizontales son las que puedes utilizar para identificar las conexiones a los polos positivo y negativo, fíjate en la imagen anterior que estas líneas están marcadas, con respecto a las verticales, cualquier terminal que conectes en una línea de estas estarán unidos entre sí.

Otra de las herramientas que necesitaras será una batería (esas de 9 volt vienen bien), o con un par de pilas secas bastaría, de todos modos puedes armar tu propia fuente de alimentación Sería bueno que consigas un multímetro, multitester o tester, como lo quieras llamar, te será de gran utilidad para saber el estado de un   componente, si éste se encuentra en condiciones o no, para verificar las   fallas en tus circuitos, medir tensiones, resistencias, etc.

Primeros contactos

En todas estas prácticas hay que suponer que la corriente eléctrica fluye desde el polo positivo (+) hacia el   negativo (-). Aunque en verdad es a la inversa.

Diodos LED's.

El primer circuito, será para ver como encender un LED, recuerda lo de sus   terminales, el más largo (ánodo) apunta al polo (+), el corto (cátodo) al negativo (-), si por alguna razón los terminales son iguales, o lo sacaste de   un circuito en desuso, puedes identificar el cátodo por un pequeño corte en la cabeza del componente.

R es una resistencia de 220 ohms que   hace de protección para el LED, puedes usar otras de mayor valor para ver qué ocurre.

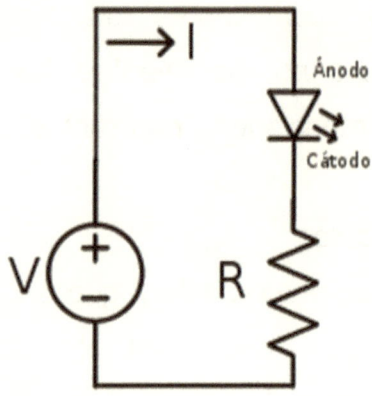

Y montarlo en una placa:

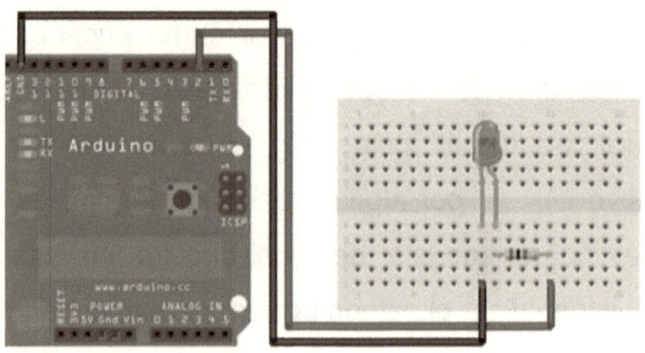

Diodos

Los diodos permiten que la corriente circule en un sólo sentido. Un Diodo al igual que un LED necesita estar correctamente polarizado. El cátodo se   indica con una banda que rodea el cuerpo del componente. Como no   todo   está demás podemos utilizar el circuito anterior como un   probador de diodos (así de paso vamos armando nuestras propias herramientas).

Según el gráfico el diodo conduce correctamente y el LED se enciende, no así si inviertes el diodo.

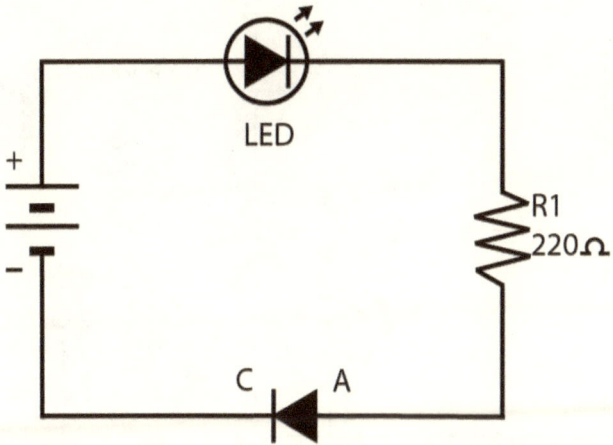

Su mayor aplicación se encuentra en las fuentes de alimentación.

Por cierto el utilizado aquí, es un diodo común del tipo 1N4004, prueba con otros, por ejemplo el 1N4148.

Resistencias Variables

Potenciómetros

Se los encuentra en casi todo aparato electrónico, un ejemplo es el control de volumen de los equipos de audio. En este circuito lo usaremos para controlar el brillo del LED.

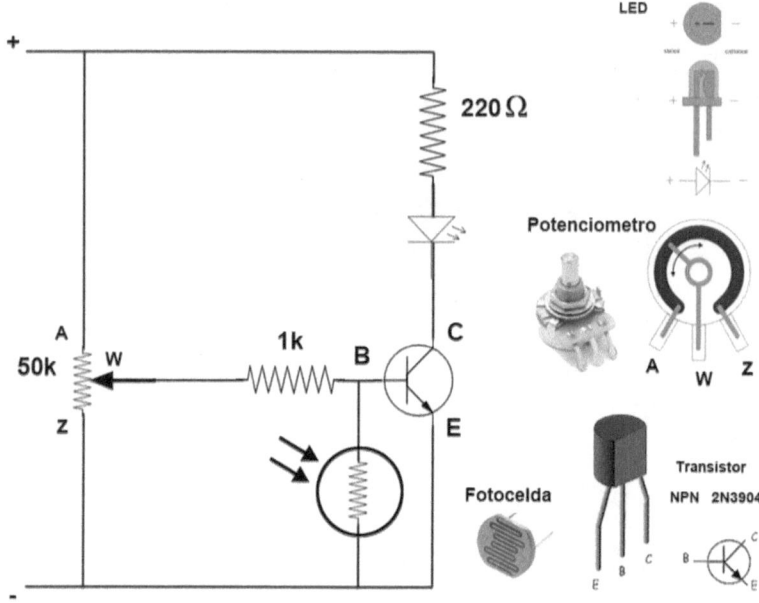

Ahora bien, los extremos A y Z del potenciómetro son indistintos ya que la resistencia entre ambos es constante y en nuestro circuito es de 50 k, mientras que la resistencia entre cualquier extremo y el cursor W depende de la posición de este último, pero su máxima resistencia será 50 k. Si utilizas los contactos A y Z, al girar el eje en sentido horario, la resistencia aumentará entre estos dos puntos. Prueba utilizar W y Z. Intenta armar un circuito con dos LED's de tal modo que al girar el cursor del potenciómetro la intensidad de luz aumente en uno, mientras disminuye en el otro.

Fotocélula o LDR

Muy común en cámaras fotográficas, lo que hacen es mediante el circuito adecuado desactivar el flash cuando hay suficiente luz.

En este ejemplo, totalmente funcional si cubres parcial o totalmente la superficie de la fotocelda verás los cambios en el brillo del LED.

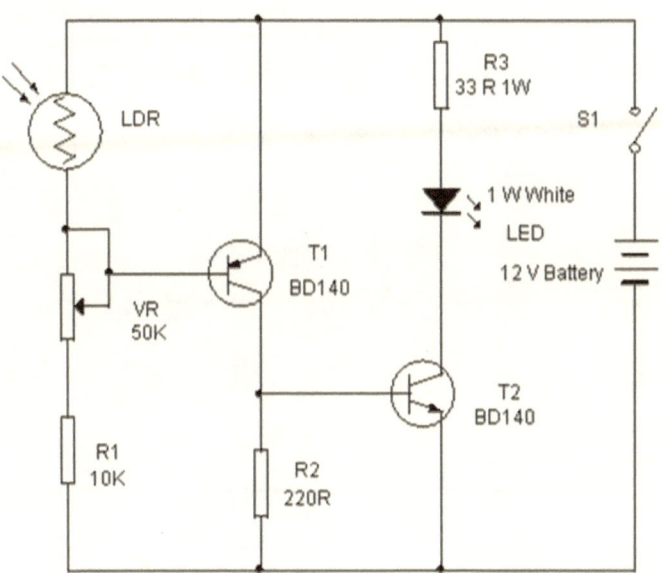

A más luz incidente, menor será su resistencia, habrá mayor flujo de corriente y mayor será el brillo del LED. No hay distinción entre sus terminales. Para poder conseguirla dirígete a cualquier casa de electrónica y pídela como LDR o fotocelda y elige el tamaño que más te guste.

Capacitores

Como habrás notado, no haré referencia a los capacitores de cerámica por ahora ya que almacenan muy poca energía de todos modos lo veremos más adelante.

Condensadores o Capacitores Electrolíticos

Estos almacenan más energía que los anteriores, eso sí debes respetar la polaridad de sus terminales. El terminal más corto es el negativo.

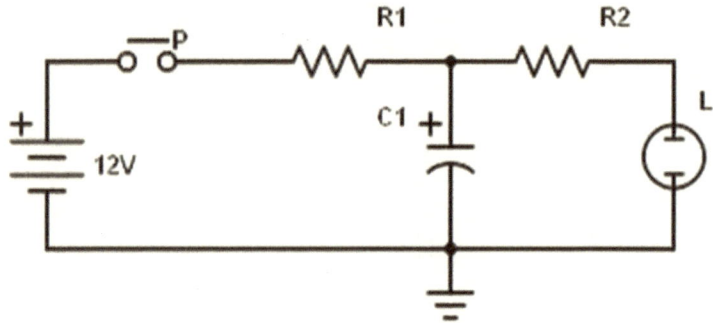

Conectemos la fuente y veamos que ocurre, de acuerdo, no ocurre nada, solo se enciende L. La corriente que parte de la batería fluye por R_1 hacia el nodo, donde se encuentra R_2 y el capacitor C_1. Aquí comienza a cargarse el Capacitor, una   vez cargado, se encenderá L, desconecta la fuente y obtendrás la respuesta. Si todo va bien, L permanecerá encendido por un cierto tiempo gracias a la energía almacenada en el capacitor, a medida que ésta se agote el   brillo del LED disminuirá. La carga del capacitor depende de su capacidad de almacenamiento, (dado   en microfaradios), por otro lado, esa carga se agota a través de R_2 o sea   que el tiempo de   descarga también depende de R_2. Así es como llegamos a los conocidos circuitos de tiempo RC (resistencia-capacitor).

Conclusión. La energía almacenada depende del valor de C1, el tiempo en que éste se carga de R_1 y el tiempo en que esta energía se agote del producto C x R_2. Para interpretarlo mejor, cambia los valores de R_1, R_2, C_1 y luego observa los cambios.

Transistores

Los   transistores tienen aplicación en muchísimos circuitos, por lo general   son utilizados en procesos de   amplificación   de señales (las que veremos ahora) y también en circuitos de conmutación a ellos le dedicaremos un lugar especial. Estos componentes vienen en dos tipos, los NPN y los PNP, no entraré en detalle respecto al nombre ya que podrás notar las diferencias en los circuitos de aplicación. Cada transistor tiene una disposición distinta, según el tipo de que se trate y las ocurrencias de su fabricante, por lo que necesitarás un manual para identificarlos. Uno bastante bueno es el que se encuentra en www.burosch.de. Ejecutable en una ventana de DOS no requiere instalación sólo lo descomprimes y ejecutas IC.exe. Veamos ahora estos dos transistores en modo amplificador.

Transistores NPN

En este ejercicio puedes utilizar uno de los dos transistores que se indican en la siguiente tabla, los dos son del tipo NPN con su respectiva disposición de terminales.

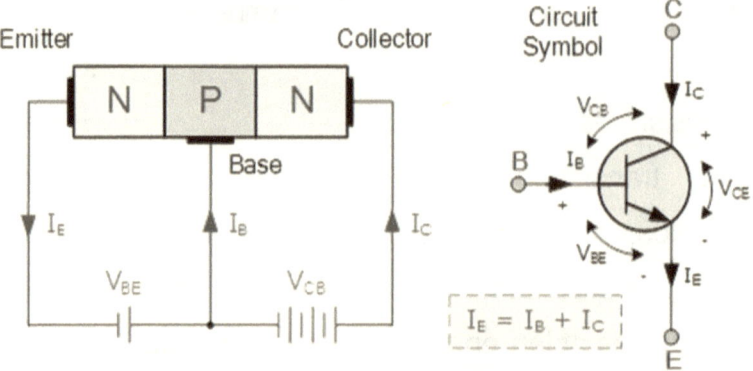

El circuito que analizaremos será el siguiente:

Cuando acciones S1 llegará una cierta cantidad de corriente a la base del transistor, esta controlará la cantidad de corriente que pasa del Colector al Emisor, lo cual puedes notar en el brillo de los LED's.

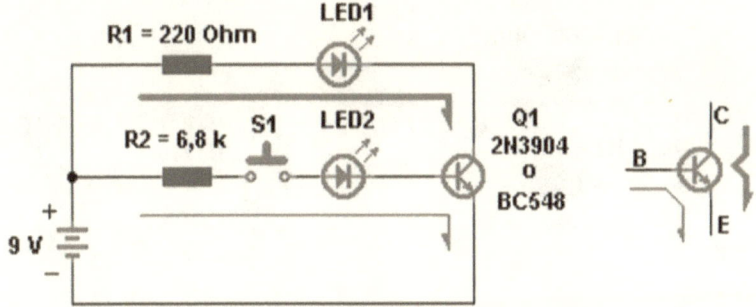

Este es el famoso proceso de amplificación.

Como puedes imaginar, a mayor corriente de base mayor corriente de colector. Prueba cambiar R2.

Transistores PNP

Aquí utilizaremos uno de los dos transistores que se encuentran en el siguiente cuadro.

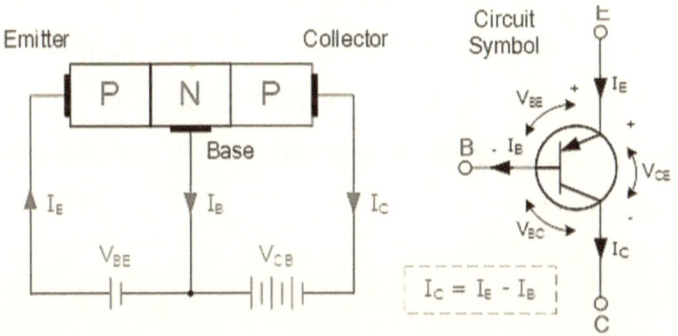

En estos transistores, para obtener el mismo efecto que el anterior, su base deberá ser ligeramente negativa. Observa que en este esquema tanto los LED's como la fuente fueron invertidos.

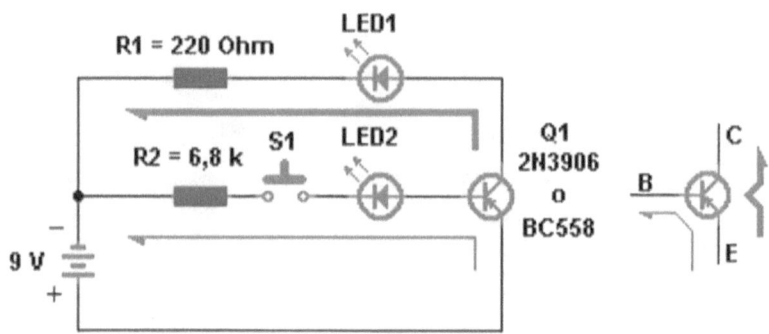

Nuevamente la corriente de base controla la corriente de colector para producir el efecto de amplificación. En muchos casos necesitarás hacer una amplificación y sólo tendrás una pequeña señal negativa. Para entonces, aquí está la solución.

Los Circuitos Integrados (IC)

Por lo general los esquemas no reflejan la verdadera disposición de sus pines o terminales, así es que para saber cuál es el primero y el último observa el siguiente gráfico.

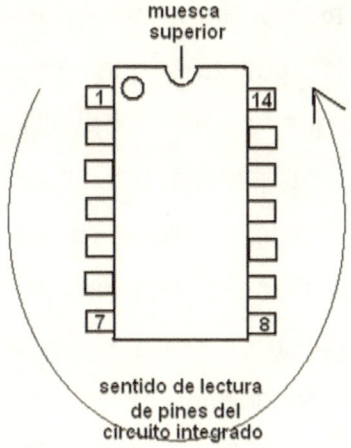

Como verás el integrado en cuestión es un 555, o bien NE555. Se trata de un temporizador (TIMER), comúnmente utilizado como un generador de pulsos, y la frecuencia de éstos puede variar de 1 pulso por segundo hasta 1 millón de pulsos por segundo. Como necesitamos ver el efecto del circuito le pusimos como siempre un LED y una resistencia R3 conectadas al pin 3 del 555 (IC1), que justamente es el pin de salida.

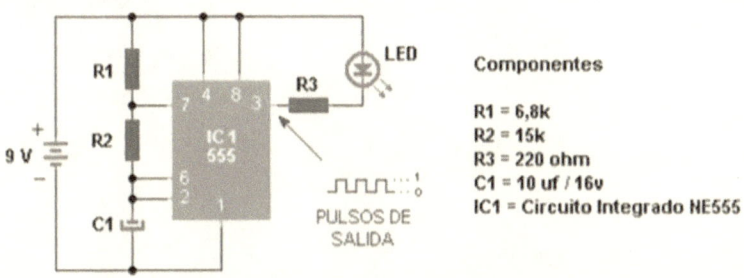

Componentes

R1 = 6,8k
R2 = 15k
R3 = 220 ohm
C1 = 10 uf / 16v
IC1 = Circuito Integrado NE555

Observa la polaridad de la fuente respecto al LED, te habrás dado cuenta que la única forma de encenderlo es que el pin 3 de IC1 sea negativo. Observa la onda rectangular de los pulsos de salida..., cuando esté arriba será (+) o 1, y el LED estará apagado. Cuando esté abajo será (-) o 0, entonces el LED se encenderá. Según la señal de salida el LED encenderá de forma alternada.

Veamos los otros componentes; R1, R2 Y C1 forman una red de tiempo. El capacitor C1 se cargará a través de R1 y R2, del otro lado el 555 espera impaciente que termine de hacerlo, y cuando lo logre lo reflejará en su terminal de salida (pin 3), y he aquí el pulso que produce la descarga del capacitor. Ahora sí, ya estamos listos para la siguiente carga que generará el segundo pulso. Veamos que modificaciones podemos hacerle al circuito.

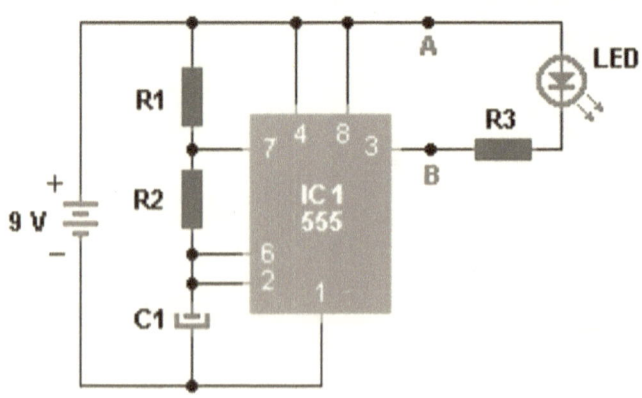

En este esquema marqué los puntos A y B, allí puedes conectar un pequeño altavoz (como los de PC), ahora cambia C1 por un capacitor de cerámica (el que tengas a mano, cualquiera va bien), intercala un potenciómetro de 100k entre R2 y el pin 6. Si haces esto obtendrás un generador de sonido. Otra cosa que puedes hacer es agregarle otra resistencia igual a R3 y un LED más entre los puntos B y el polo negativo de la fuente, pero invertido, y obtendrás algo así como un semáforo, si un LED es rojo y el otro verde.

Circuitos de conmutación SCR o TIC 106

Son dispositivos sólidos de conmutación (es decir, no son mecánicos) y sus terminales son Cátodo Ánodo y Gatillo, distribuidos según el siguiente cuadro.

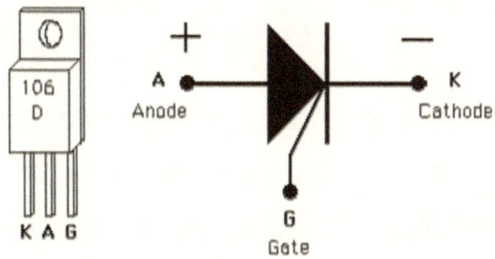

El SCR es una llave electrónica, que se activa cuando se aplica un pequeño voltaje positivo a su compuerta G (puerta).

Monta el circuito y pruébalo.

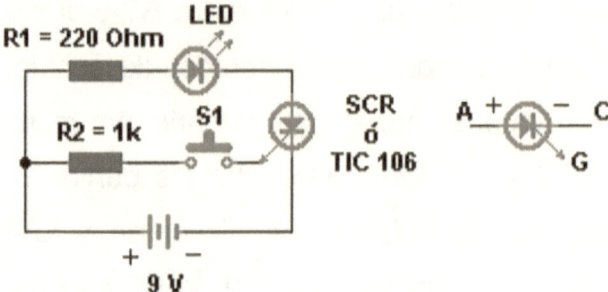

Lo interesante aquí es que una vez disparado el SCR, éste conducirá de forma permanente (si la corriente que ingresa por el ánodo es continua), para desactivarlo sólo quita la fuente de alimentación, conéctalo de nuevo y estará listo para un nuevo disparo. Cambia el valor de R2 para conocer los límites de sensibilidad del SCR.

El Relé

Todo circuito que construyas y te permita encender un LED también te permitirá encender cualquier aparato eléctrico de casa, como una lámpara por ejemplo, y eso es justamente lo que haremos ahora, en el siguiente gráfico tienes un relé de 5 terminales. B1 y B2 son los terminales de alimentación de la bobina, cuando circule corriente por ellos el relé se activará cambiando de posición su interruptor interno y el terminal C se conectará con el terminal NA.

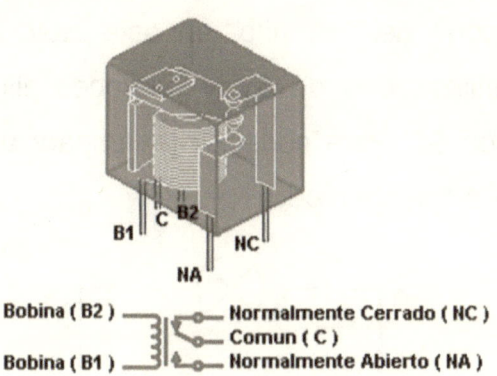

Veamos ahora un circuito de aplicación:

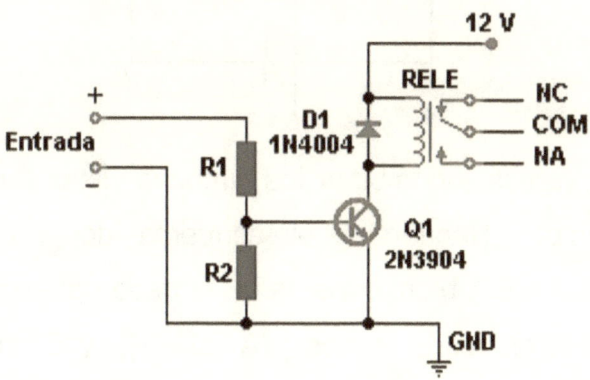

La señal que le des en la entrada por el extremo (+) pasara por R1 a la base de Q1 que es un transistor NPN y este pasará a conducir accionando el relé,

D1 está para compensar la inducción de la bobina, R2 mantiene el transistor en corte cuando no existe señal alguna por la entrada, su valor es igual al de R1 de 2,7k o puede ser de 2k si Q1 es del tipo BC548 o BC337, el relé utilizado 150 debe ser acorde a la alimentación del circuito, en este caso de 12V, puedes utilizar uno de 6V y entonces alimentar al circuito con 6V. Para conectar la lámpara al circuito hazlo del siguiente modo.

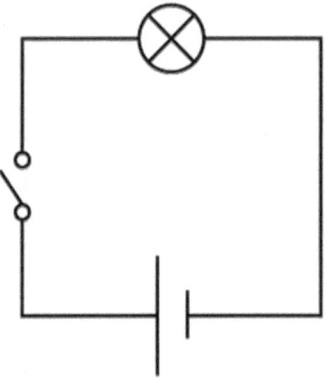

Ahora vamos a combinar los circuitos vistos hasta el momento. ¿Recuerdas el esquema del 555, los puntos A y B?, bien, conecta la entrada del esquema de relé en esos puntos, (A al (+), y B al (-)), luego conecta el esquema de la lámpara al relé, verifica que todo esté en orden y alimenta el circuito.

Capacitores Cerámicos

Código de valores para Capacitores cerámicos

a) En algunos casos el valor está dado por tres números:

1º número = 1º guarismo de la capacidad.

2º número = 2º guarismo de la capacidad.

3º número = multiplicador (número de ceros).

La especificación se realiza en picofaradios.

Ejemplo:

104 = 100.000 = 100.000 picofaradios = 100 nanofaradios.

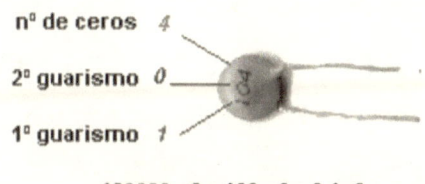

100000 pf o 100 nf o 0.1uf

b) En otros casos está dado por dos números y una letra mayúscula. Igual que antes, el valor se da en picofaradios

Ejemplo: 47J = 47pF, 220M = 220pF

Para realizar la conversión de un valor a otro, te puedes guiar por la siguiente tabla:

CONVERSION DE UNIDADES		
Para convertir	**en**	**Multiplique por**
picofarad	nanofarad	0.001
picofarad	microfarad	0.000.001
nanofarad	microfarad	0.001
microfarad	nanofarad	1.000
nanofarad	picofarad	1.000
microfarad	picofarad	1.000.000

Combinación de Resistencias

La unión de resistencias la podemos hacer de dos maneras, ya sea en un circuito en serie o en paralelo. Veamos algunos ejemplos.

Resistencias en Serie

En un circuito en serie las resistencias se colocan una seguida de la otra de tal modo que la corriente deberá fluir primero por una de ellas para llegar a la siguiente, esto implica que el valor de la resistencia total del circuito sea la suma de todas ellas.

Ejemplo:

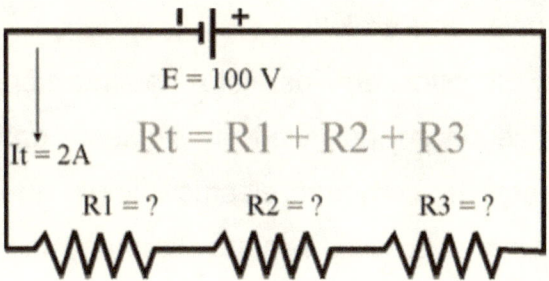

En primer lugar, aplicando una de las características de los circuitos serie, sabemos que la corriente en cualquier parte del circuito tiene siempre la misma intensidad, por tanto ya tenemos que el valor de 2 A es la intensidad total. En segundo lugar, aplicando otra de las características, sabemos que la resistencia total del circuito del ejemplo tiene que ser forzosamente la suma de las tres resistencias.

Por tanto, **Rt = R$_1$+R$_2$+R$_3$.**

Ahora, despejando la fórmula básica de la ley de Ohm, obtenemos que la resistencia de un circuito es igual a su caída de tensión dividida entre la intensidad que circula por ella. En nuestro circuito ejemplo, la resistencia total (Rt) sería igual al voltaje total (E) partido por la intensidad total (It):

$$Rt = \frac{E}{It} = \frac{100}{2} = 50 \ \Omega$$

Resistencias en Paralelo

En un circuito en paralelo las resistencias se colocan según se indica en el siguiente gráfico, de esta manera la corriente eléctrica llega a todas las resistencias a la vez, aunque la intensidad de la corriente es mayor por el resistor de menor valor. En este caso la resistencia total del circuito la puedes obtener utilizando la ecuación que se muestra en el gráfico. Ejemplo:

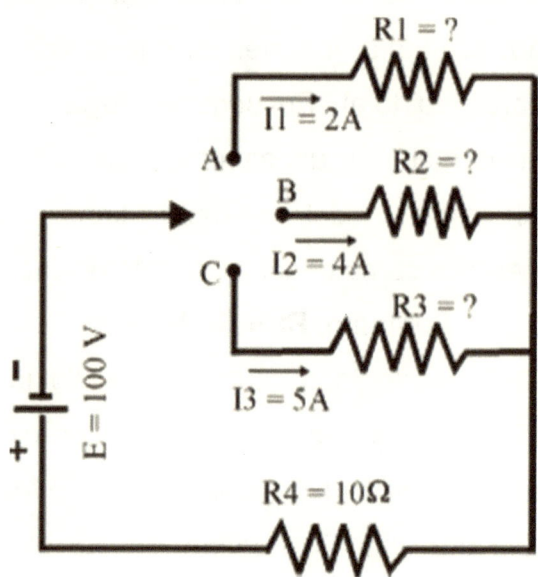

$$RT = \dfrac{1}{\dfrac{1}{R1} + \dfrac{1}{R2} + \dfrac{1}{R3}}$$

En primer lugar, de acuerdo a los valores de cada elemento señalado en el esquema, lo procedente es simplificar el circuito para cada una de las posiciones. Se trata de calcular qué valor tiene que tener cada resistencia para que a través de ella circule la intensidad de corriente que se propone.

Comenzando por la posición A, cuando el conmutador cierra el circuito entran en serie las resistencias R1 y R4, quedando las demás fuera de él.

En primer lugar, lo procedente es simplificar el circuito para cada una de las posiciones. Comenzando por la posición A, cuando el conmutador cierra el circuito entran en serie las resistencias R1 y R4, quedando las demás fuera de él.

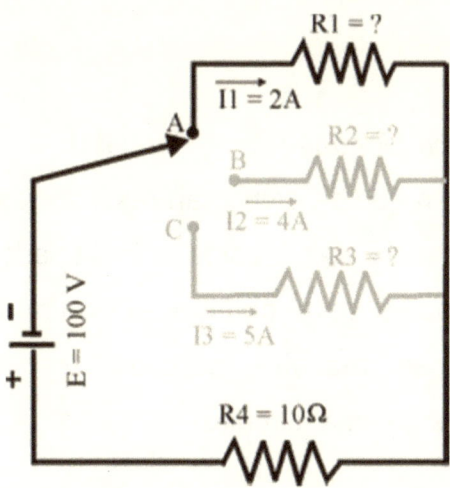

En el circuito simplificado, los elementos inactivos están atenuados para una mejor observación.

En estas condiciones, el esquema es suficientemente claro, y ya podemos aplicar la ley de Ohm para averiguar qué valor debemos dar a las resistencias R1, luego R2 y R3.

(Realizar el cálculo aplicando la Ley de Ohm y con la fórmula de resistencias en paralelo averiguar Rt del circuito).

Resultados:

R1 = 40 ohms

R2 = 15 ohms

R3 = 10 ohms

Rt =?

Circuitos Combinados (Serie-Paralelo)

Hay casos en que se combinan resistencias en serie y en paralelo a la vez, estos son llamados circuitos combinados, y para obtener el valor total de la resistencia se resuelve separándolos en mallas. Observa el siguiente circuito.

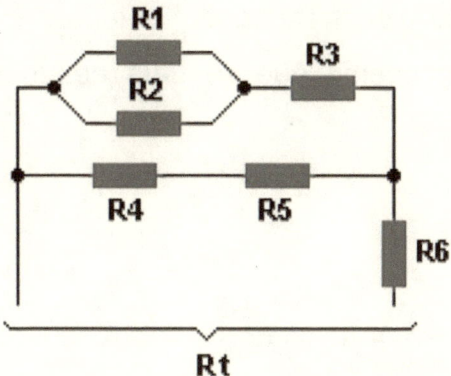

Rt

Podemos comenzar por los circuitos más sencillos como resolver R1 y R2, que representa la resistencia total entre R1 y R2, como están en paralelo.

$$1/R_{1\text{-}2} = 1/R_1 + 1/R_2$$

En estos momentos tenemos resueltos R1 y R2 y el circuito nos queda como se ve a continuación.

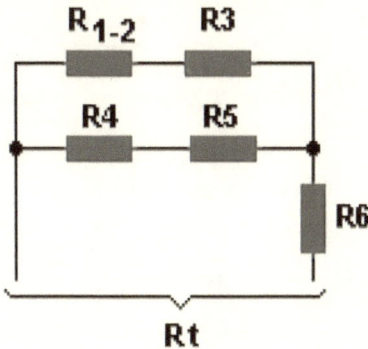

Rt

Combinando el resultado anterior con R3 y teniendo en cuenta que se trata de un circuito en serie.

$$R_{1...6} = R_{1\text{-}2\text{-}3} + R_{456}$$

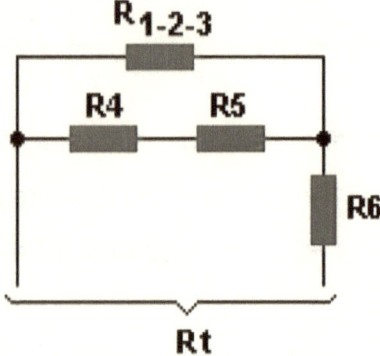

Nuevamente tenemos un circuito en serie entre R4 y R5, entonces.

$$R_{4\text{-}5} = R_4 + R_5$$

De tal modo que la suprimimos y la reemplazamos por R 4-5.

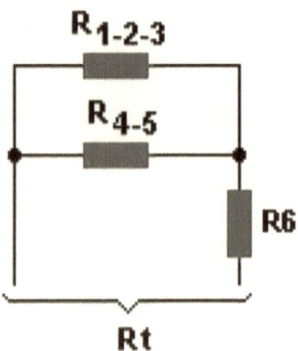

Te habrás dado cuenta que cada vez la malla de nuestro circuito se va reduciendo, sucede que es una forma sencilla resolverlo por pasos, con la práctica no necesitarás hacerlo ya que puedes resolverlo mentalmente.

Ahora resolvemos el circuito en paralelo para obtener:

$$1/R_{1...5} = 1/R_{1\text{-}2\text{-}3} + 1/R_{4\text{-}5}$$

Finalmente obtuvimos el circuito más sencillo de todos y es un circuito en serie el cual nos da la resistencia total.

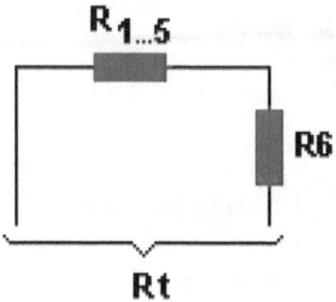

El cálculo final sería como sigue:

$$Rt = R_{1...5} + R_6$$

EJERCICIOS PRÁCTICOS Y PROBLEMAS

1. Calcular el valor de las siguientes resistencias a partir de su código de colores.

Verde Azul Negro   Oro

Negro Azul Amarillo   Plata

Rojo Amarillo Naranja   Plata

Amarillo Amarillo Naranja   Plata

2. Calcula la resistencia equivalente de los siguientes circuitos:

a)

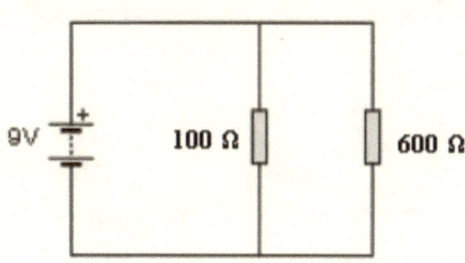

b)

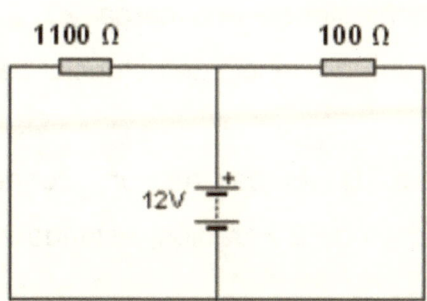

c)

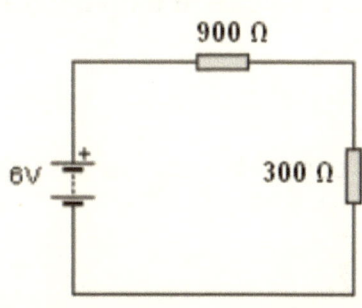

d)

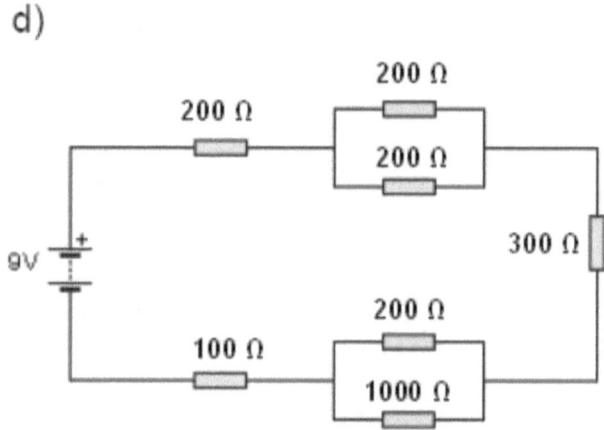

3. Calcula el valor de la capacidad de un condensador cuyas placas tienen una carga 20 C cuando se le somete a una diferencia de potencial de 100 V.

4. Calcula la carga de un condensador cuya capacidad es de 2 Faradios, estando sometido a una tensión de 60v.

5. A que voltaje habrá que someter un condensador de 3 Faradios para que la carga entre sus placas sea de 150 C.

6. Calcula la capacidad equivalente de los siguientes circuitos.

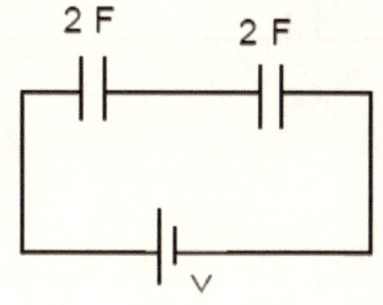

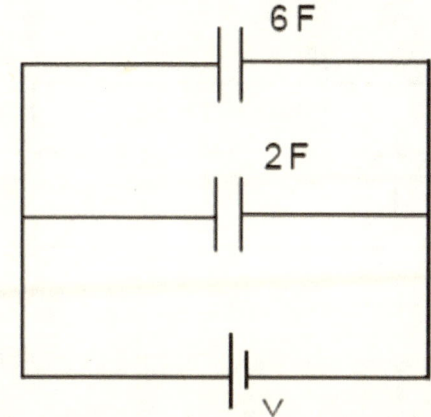

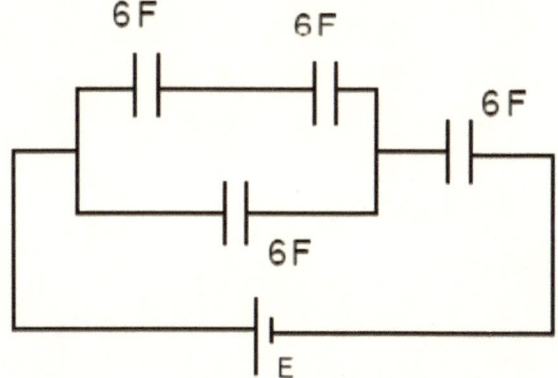

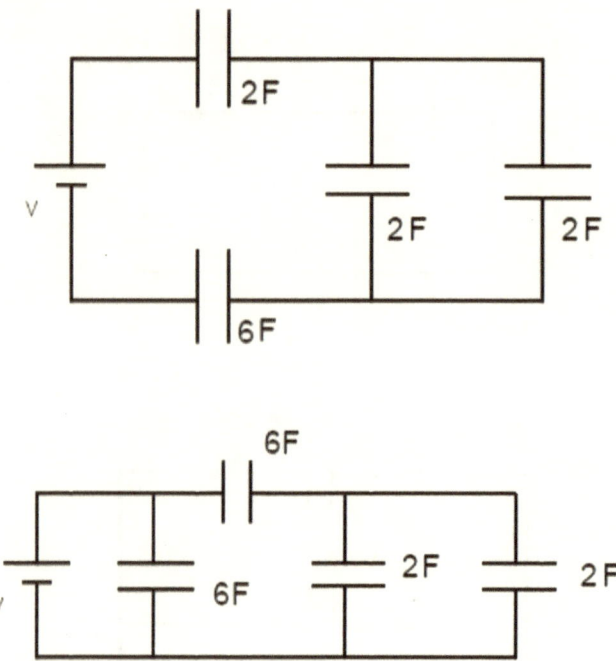

7. Calcula en el siguiente circuito: la tensión aportada por la pila (V pila) y las caídas de tensión en R1 y R2 (VR1 y VR2). Datos: R1=16 Ω; R2=8 Ω; I=0,5 A.

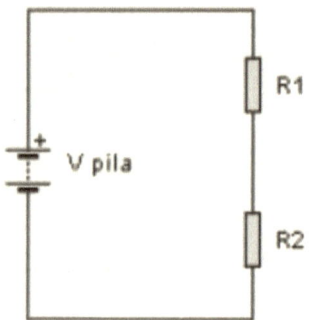

8. Calcula el valor de la resistencia R2, sabiendo que: E=24 V; I=0,18 A; R1=100 Ω.

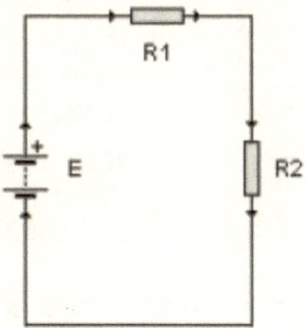

9. Calcula el valor de las resistencias del circuito siguiente. Datos: E=1,5 V; VR1=0,5V; I=0,25A.

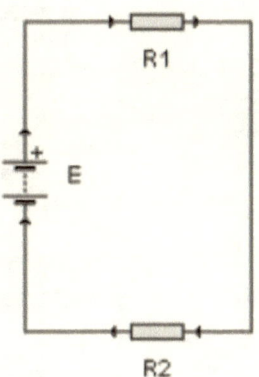

10. En el circuito de la figura, calcula la resistencia equivalente y la intensidad total que la recorre:

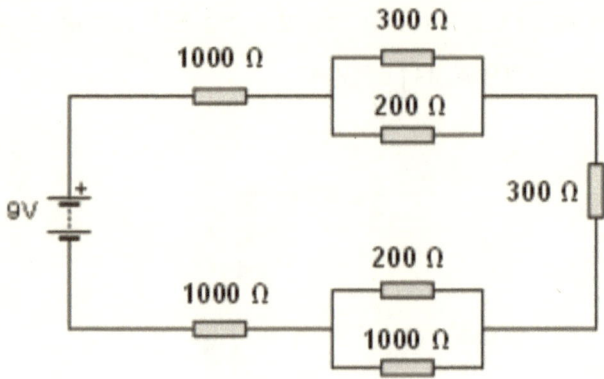

11. En el circuito de la figura, calcula el valor de I1, I2 e I3. Calcula la potencia disipada por las resistencias de 300 Ω.

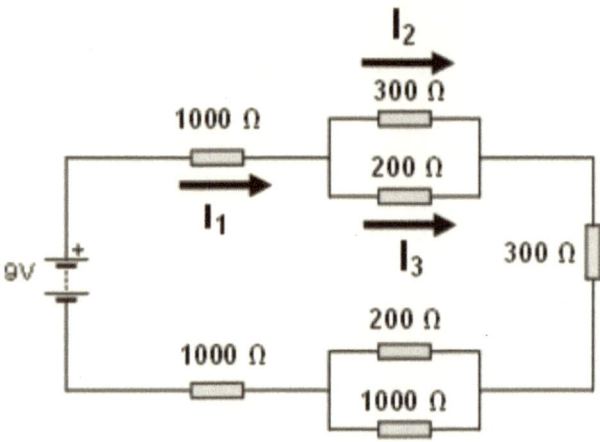

12. Calcula el valor de las intensidades que recorren a R2 y R3, la potencia disipada por R1 y la caída de tensión en R4.

Datos: E=15 V

R1=1000 Ω

R2=2000 Ω

R3=3000 Ω

R4=4000 Ω

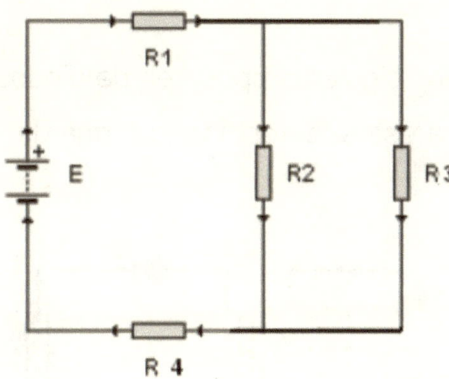

13. Calcula el valor de la intensidad total y la potencia total disipada por del circuito de la figura.

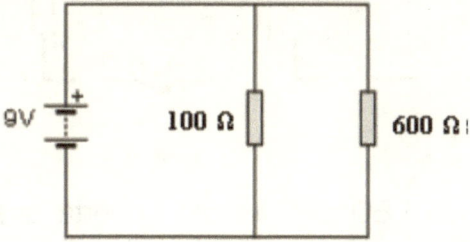

14. Calcula el valor de la intensidad total y la potencia disipada por cada una de las resistencias del circuito de la figura.

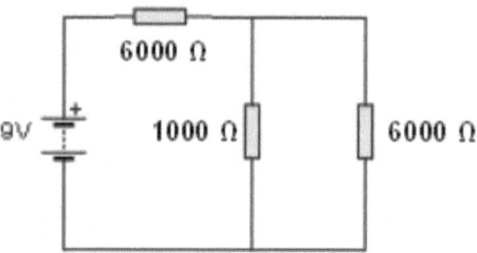

15. Dados los siguientes puentes de diodos y la señal de entrada a estos, determina la forma de la señal de salida:

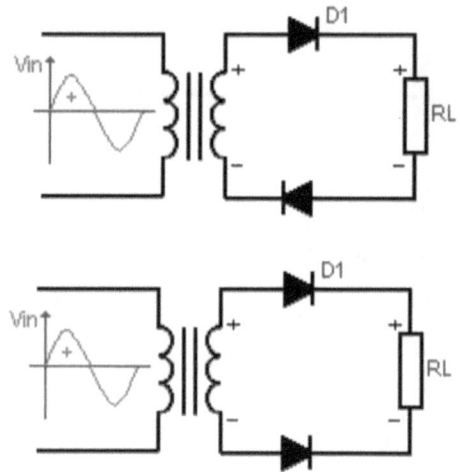

16. El diodo LED del circuito soporta una corriente máxima de 0,001 A. Determina el valor de R para que el diodo no se queme.

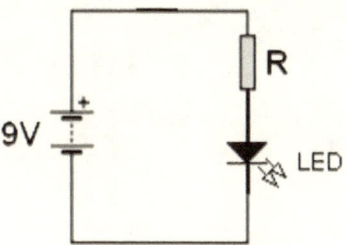

17. Indica que ocurre en el circuito si pulsamos el interruptor y que ocurre si dejamos de pulsarlo:

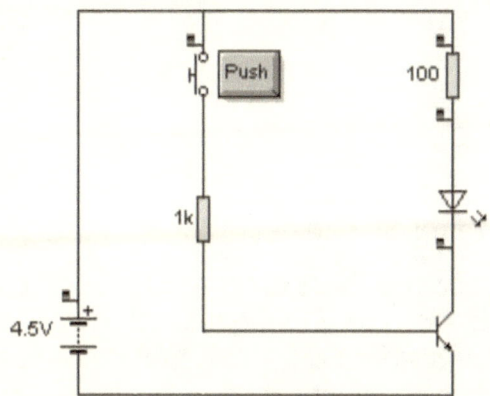

18. Si tenemos un circuito serie con una pila de 12V y tres bombillas y otro circuito paralelo con la misma pila y las mismas bombillas ¿Qué bombillas lucirán más las de serie o paralelo? Justifica tu respuesta.

19. Hallar la capacidad equivalente y la carga acumulada por cada condensador del siguiente circuito.

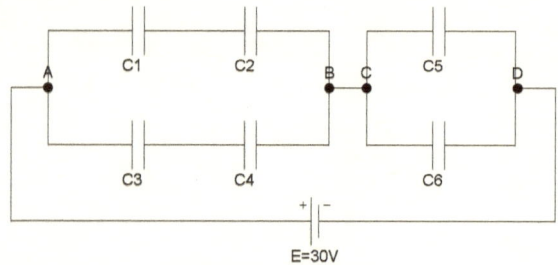

C1=10000 pF

C2=0,010µF

C3=6kpF

C4=3x10^{-9}F

C5=3nF

C6=4x10^{-6}µF

20. Realizar el circuito oscilador ahuyenta mosquitos.

Este circuito es básicamente un oscilador de una frecuencia elevada. Los componentes principales son los dos transistores Q1 y Q2 que excitan un pequeño resonador piezoeléctrico. Los transistores Q1 y Q2 están configurados para trabajar como un oscilador. Si nos fijamos en el esquema, la polarización de un transistor controla la del otro, por lo que conducirán de manera alternativa. Como el estado inicial del circuito es impredecible y dependerá de las variaciones en las características de los componentes, supongamos que el condensador C1 se carga a través de la resistencia R2, de tal manera que cuando la tensión en el punto de conexión entre ambos supere un cierto valor, la base de Q2 quedará a un nivel positivo entrando en saturación, de esta forma baja la tensión de su colector (pin 1) y bloquea la corriente de base de Q1 que deja de conducir. En definitiva, se generara una señal variable que el buzzer interpretara resonando a una determinada frecuencia.

Lista de Componentes
Buzzer = Piezoeléctrico
C1 = 330pF (Condensador, Cerámico, 50v)
C2 = 100pF (Condensador, Cerámico, 50v)
Q1 = BC547 (Transistor, NPN)
Q2 = BC547 (Transistor, NPN)
R1 = 10k (Resistencia, 0,25W)
R2 = 560k (Resistencia, 0,25W)
R3 = 560k (Resistencia, 0,25W)
R4 = 10k (Resistencia, 0,25W)

Plano electrónico

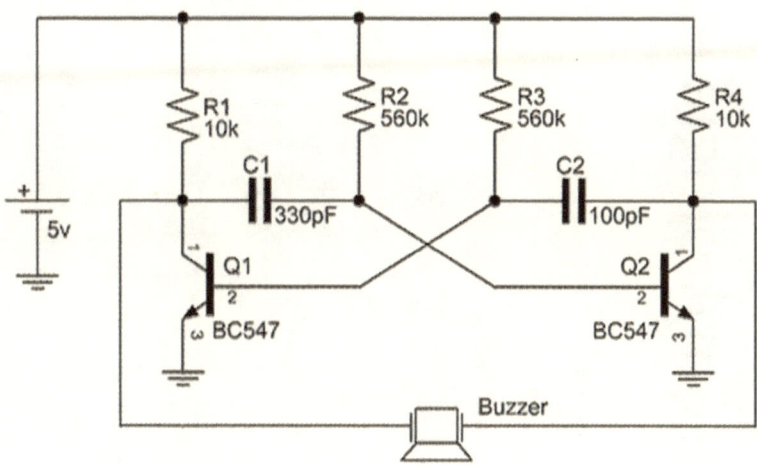

ESQUEMAS Y PLANOS ELECTRÓNICOS

Simbología electrónica

Símbolo	Componente	Símbolo	Componente	Símbolo	Componente
	Resistencia		Bobina		Resistencia NTC y PTC
	Resistencia variable		Transformador		Resistencia LDR
	Condensador		Masa		Antena
	Condensador electrolítico		Toma de tierra		Diodo rectificador
	Condensador variable		Relé		Diodo Zener
	Pila		Altavoz		Diodo LED
	Terminal		Micrófono		Transistor NPN
	Interruptor		Conector (jack)		Transistor PNP
	Pulsador		Motor		Circuito integrado
	Lámpara				

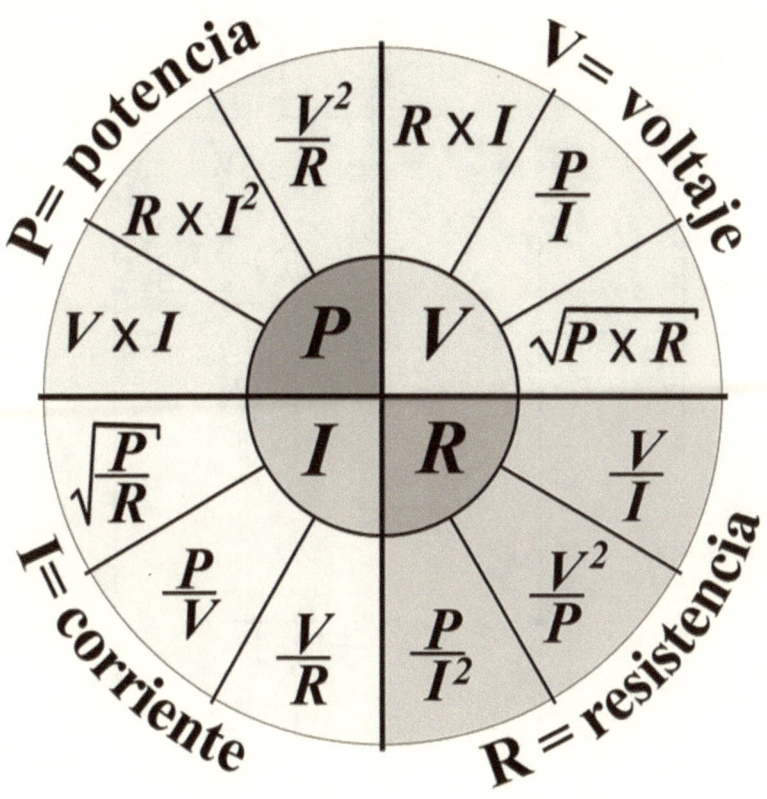

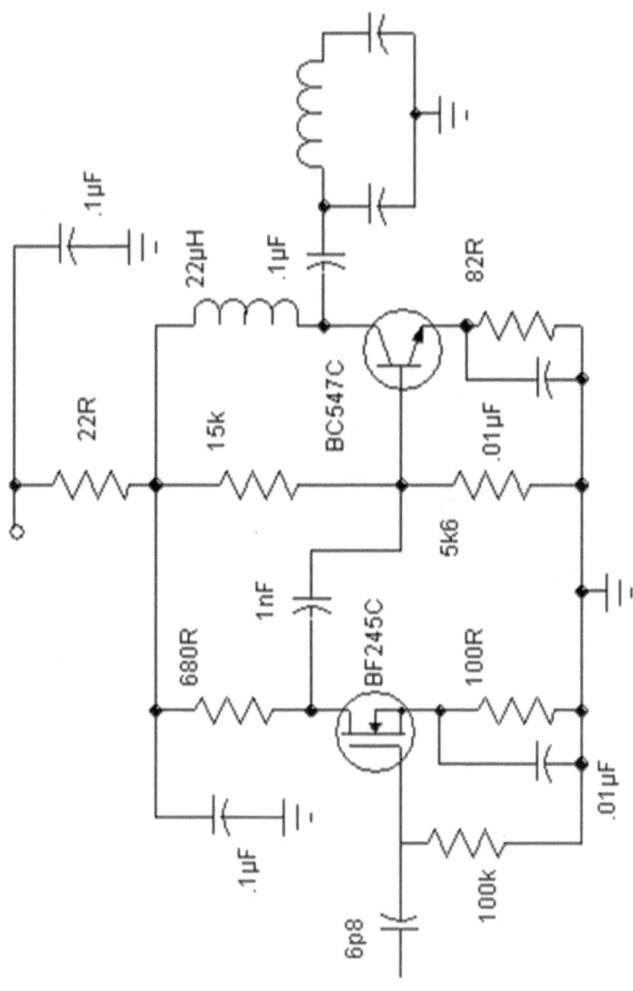

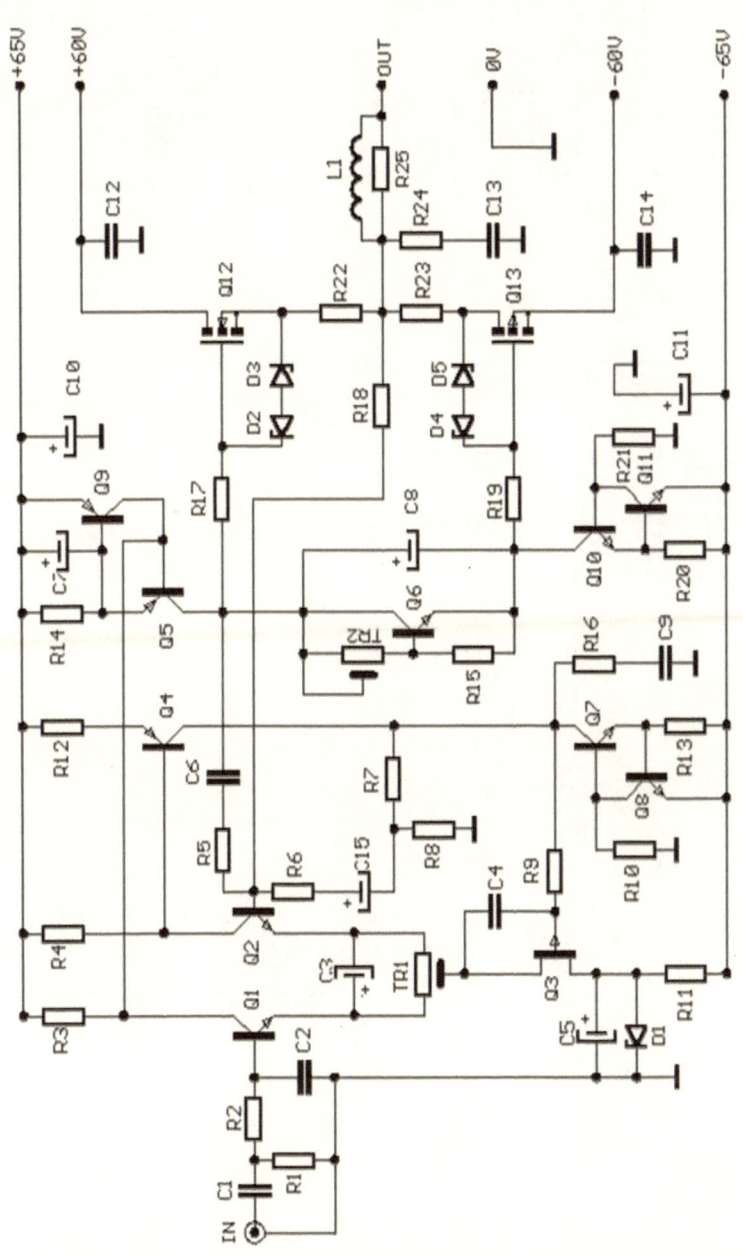

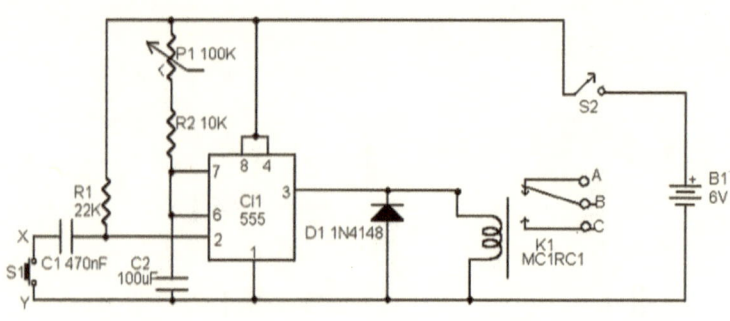

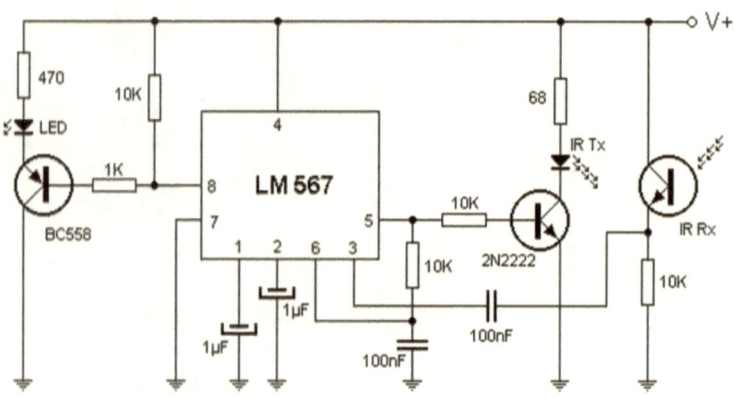

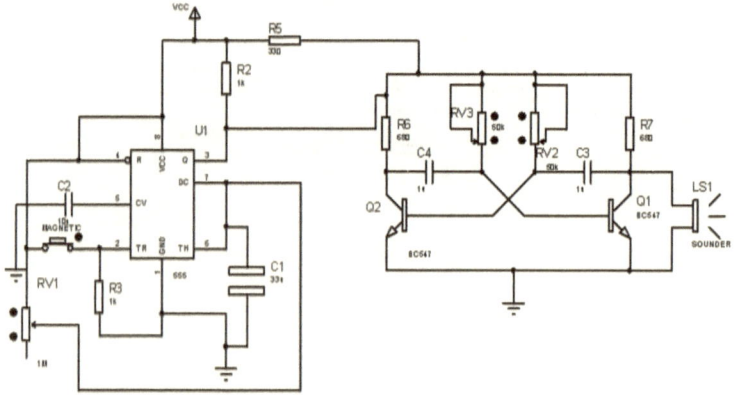

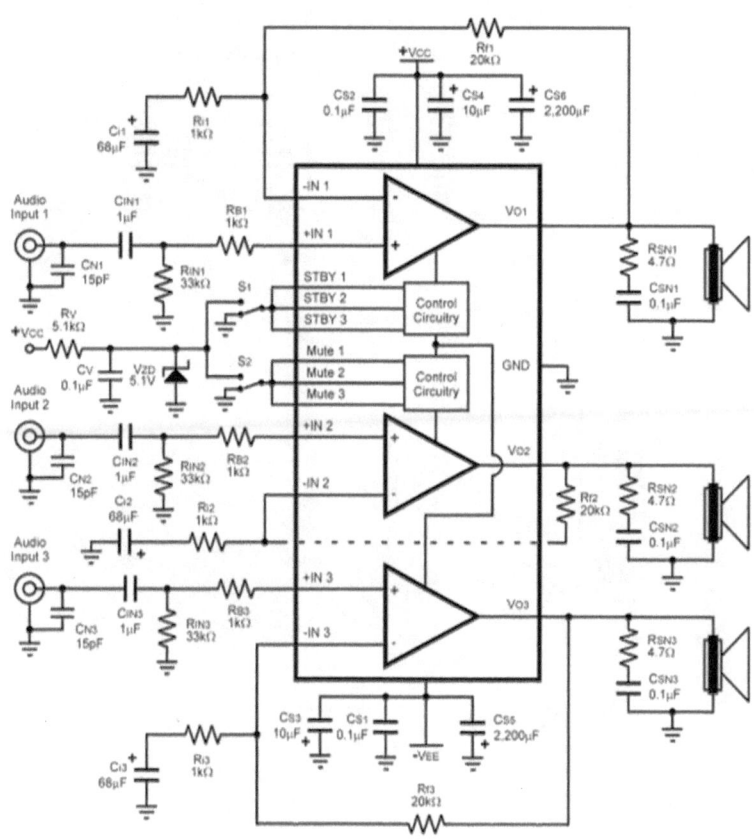

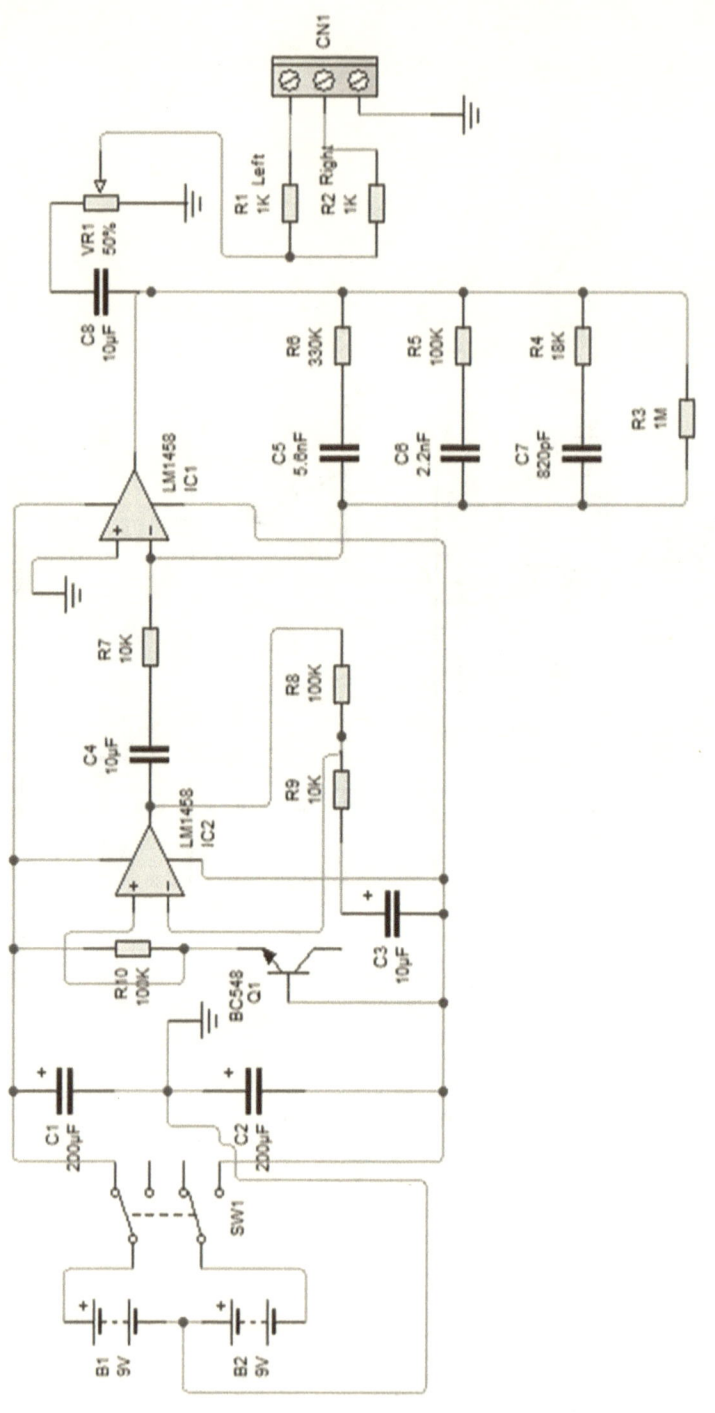

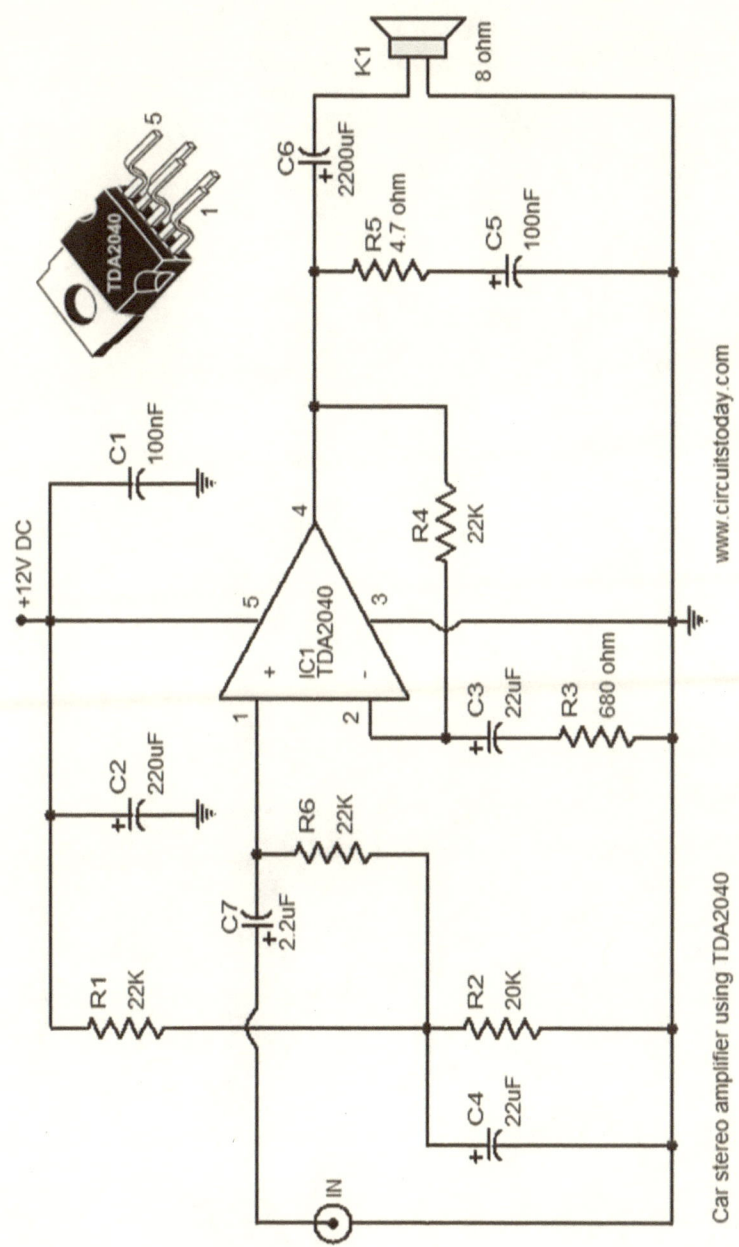

Car stereo amplifier using TDA2040

www.circuitstoday.com

BIBLIOGRAFÍA

Manual de Electrotecnia, Miguel D'Addario. Ediciones Create Space.

Instalaciones eléctricas y automatismos, Miguel D´Addario, Editorial Create Space.

Basic Electronics, U.S. Navy, Bureau of Naval Personel, Training Publication Division.

Reparando Fuentes, Gastón Carlos Hillar, Editorial HASA.

Manual de Armado y Reparación, Ce.de.C.E. (Centros de Cooperación Educativa).

Manual de Semiconductores de Silicio, Texas Instruments.

Manual de Electricidad, Miguel D´Addario. Editorial CEP.

MANUAL DE ELECTRÓNICA
Básica

Ing. Miguel D´Addario

2ª Edición modificada

COMUNIDAD EUROPEA

2016

www.ingramcontent.com/pod-product-compliance
Lightning Source LLC
Chambersburg PA
CBHW021430170526
45164CB00001B/172